U0179738

当代儒师培养书系·教师教育系列
主　编　舒志定　李　勇

Multimedia Learning Principles

多媒体学习原理

刘世清　李智晔　著

ZHEJIANG UNIVERSITY PRESS
浙江大学出版社
·杭州·

图书在版编目（CIP）数据

多媒体学习原理 / 刘世清，李智晔著. -- 杭州 ：
浙江大学出版社，2022.9
ISBN 978-7-308-22994-4

Ⅰ．①多… Ⅱ．①刘… ②李… Ⅲ．①多媒体技术
Ⅳ．①TP37

中国版本图书馆CIP数据核字（2022）第159368号

多媒体学习原理

DUOMEITI XUEXI YUANLI

刘世清　李智晔　著

丛书策划	朱　玲
责任编辑	陈丽勋
责任校对	朱　辉
封面设计	春天书装
出版发行	浙江大学出版社
	（杭州市天目山路148号　　邮政编码　310007）
	（网址：http://www.zjupress.com）
排　　版	杭州林智广告有限公司
印　　刷	杭州钱江彩色印务有限公司
开　　本	710mm×1000mm　1/16
印　　张	16.25
字　　数	260千
版 印 次	2022年9月第1版　2022年9月第1次印刷
书　　号	ISBN 978-7-308-22994-4
定　　价	50.00元

作者简介

刘世清，教授，现任湖州师范学院教师教育学院院长、湖州师范学院硕士生导师，浙江省教育信息化评价与应用研究中心执行主任。浙江师范大学博士生导师，曾在延安大学、辽宁师范大学和宁波大学从事过教学与研究工作。

长期从事教育技术学方面的教学与研究工作，主要研究领域包括教育技术基本理论、多媒体学习、教育绩效评价、数字化教育资源开发和信息技术与课程整合等。主持国家级、省部级等各类课题30多项，在《教育研究》《电化教育研究》《中国高教研究》《中国电化教育》《情报科学》等期刊上发表论文80多篇。

当代儒师培养书系
总　序

　　把中华优秀传统文化融入教师教育全过程，培育有鲜明中国烙印的优秀教师，这是当前中国教师教育需要重视和解决的课题。湖州师范学院教师教育学院对此进行了探索与实践，以君子文化为引领，挖掘江南文化资源，提出培养当代儒师的教师教育目标，实践"育教师之四有素养、效圣贤之教育人生、展儒师之时代风范"的教师教育理念，体现教师培养中对传统文化的尊重，昭示教师教育中对文化立场的坚守。

　　能否坚持教师培养的中国立场，这应是评价教师教育工作是否合理的重要依据，我们把它称作教师教育的"文化依据"（文化合理性）。事实上，中国师范教育在发轫之际就强调教师教育的文化立场，确认传承传统文化是决定师范教育正当性的基本依据。

　　19世纪末20世纪初，清政府决定兴办师范教育，一项重要工作是选派学生留学日本和派遣教育考察团考察日本师范教育。1902年，清政府讨论学务政策，张之洞就对张百熙说："师范生宜赴东学习。师范生者不惟能晓普通学，必能晓为师范之法，训课方有进益。非派人赴日本考究观看学习不可。"[①] 以1903年为例，该年4月至10月间，游日学生中的毕业生共有175人，其中读师范者71人，占40.6%。[②] 但关键问题是要明确清政府决定向日本师范教育学习的目的是什么。无论是选派学生到日本学习师范教育，还是派遣教育考察团访日，目标都是为清政府拟定教育方针、教育宗旨。事实也是如此，派到日本的教育考察团就向清政府建议要推行"忠君、尊孔、尚公、尚武、尚实"的教育宗旨。这10个字的教育宗旨，有着鲜明的中国文化特征。尤其是把"忠君"与"尊孔"立于重要位置，这不仅要求把"修身伦理"作为教育工作的首要事务，而且要求教育坚守中国立场，使传统中国道统、政统、学统在现代学校教育中

---

①②　转引自田正平：《传统教育的现代转型》，浙江科学技术出版社，2013，第376页。

1

得以传承与延续。

当然，这一时期坚持师范教育的中国立场，目的是发挥教育的政治功能，为清政府巩固统治地位服务。只是，这些"学西方、开风气"的"现代性"工作的开展，并没有改变国家进一步衰落的现实。因此，清政府的"新学政策"，引起了一批有识之士的反思、否定与批判，他们把"新学"问题归结为重视科技知识教育、轻视社会义理教育。早在1896年梁启超在《学校总论》中就批评同文馆、水师学堂、武备学堂、自强学堂等新式教育的问题是"言艺之事多，言政与教之事少"，为此，他提出"改科举之制""办师范学堂""区分专门之业"三点建议，尤其是强调开办师范学堂的意义，否则"教习非人也"。①梁启超的观点得到军机大臣、总理衙门的认同与采纳，1898年颁布的《筹议京师大学堂章程》就明确要求各省所设学堂不能缺少义理之教。"夫中学体也，西学用也，两者相需，缺一不可，体用不备，安能成才。且既不讲义理，绝无根底，则浮慕西学，必无心得，只增习气。前者各学堂之不能成就人才，其弊皆由于此。"②很明显，这里要求学校处理好中学与西学、义理之学与技艺之学之间的关系，如果只重视其中一个方面，就难以实现使人成才的教育目标。

其实，要求学校处理好中学与西学、义理之学与技艺之学之间的关系，实质是对学校性质与教育功能的一种新认识，它突出学校传承社会文明的使命，把维护公共利益、实现公共价值确立为学校的价值取向。这里简要举两位教育家的观点以说明之。曾任中华民国教育部第一社会教育工作团团长的董渭川认为，国民学校是"文化中心"，"在大多数民众是文盲的社会里，文化水准既如此其低，而文化事业又如此贫乏，如果不赶紧在全国每一城乡都建立起大大小小的文化中心来，我们理想中的新国家到哪里去培植基础？"而这样的文化中心不可能凭空产生，"其数量最多、比较最普遍且最具教育功能者，舍国民学校当然找不出第二种设施。这便是非以国民学校为文化中心不可的理由"。③类似的认识，也是陶行知推行乡村教育思想与实践的出发点。他希望乡村教育对个人和乡村产生深刻的变革，使村民自食其力和村政工作自有、自治、自享，

---

① 梁启超：《饮冰室合集·文集之一》，中华书局，1989，第19-20页。
② 朱有瓛：《中国近代学制史料》，第一辑（上册），华东师范大学出版社，1983，第602页。
③ 董渭川：《董渭川教育文存》，人民教育出版社，2007，第127页。

实现乡村学校是"中国改造乡村生活之唯一可能的中心"的目标。①

可见，坚守学校的文化立场，是中国教师教育的一项传统。要推进当前教师教育改革，依然需要坚持和传承这一教育传统。就如习近平总书记所说："办好中国的世界一流大学，必须有中国特色。……世界上不会有第二个哈佛、牛津、斯坦福、麻省理工、剑桥，但会有第一个北大、清华、浙大、复旦、南大等中国著名学府。我们要认真吸收世界上先进的办学治学经验，更要遵循教育规律，扎根中国大地办大学。"②扎根中国大地办大学，才能在人才培养中融入中国传统文化资源，培育具有家国情怀的优秀人才。

基于这样的考虑，我们提出把师范生培养成当代儒师，这符合中国国情与社会历史文化的发展要求。因为在中国百姓看来，"鸿儒""儒师"是对有文化、有德行的知识分子的尊称。当然，我们提出把师范生培养成当代"儒师"，不是要求师范生做一名类似孔乙己那样的"学究"（当然孔乙己可否称得上"儒师"也是一个问题，我们在此只是做一个不怎么恰当的比喻），而是着力挖掘历代鸿儒大师的优秀品质，将其作为师范生的学习资源与成长动力。

的确，传统中国社会"鸿儒""儒师"身上蕴含的可贵品质，依然闪耀着光芒，对当前教师品质的塑造具有指导价值。正如董渭川对民国初年广大乡村区域学校不能替代私塾原因的分析，其认为私塾的"教师"不仅要教育进私塾学习的儿童，更应成为"社会的"教师，教师地位特别高，"在大家心目中是一个应该极端崇敬的了不起的人物。家中遇有解决不了的问题，凡需要以学问、以文字、以道德人望解决的问题，一概请教于老师，于是乎这位老师真正成了全家的老师"③。这就是说，"教师"的作用不只是影响受教育的学生，更是影响一县一城的风气。所以，我们对师范生提出学习儒师的要求，目标就是使师范生成长为师德高尚、人格健全、学养深厚的优秀教师，由此也明确了培育儒师的教育要求。

一是塑造师范生的师德和师品。要把师范生培养成合格教师，面向师范生开展师德教育、学科知识教育、教育教学技能教育、实习实践教育等教育活动。其中，提高师范生的师德修养是第一要务。正如陶行知所说，教育的真谛是千

① 顾明远、边守正：《陶行知选集》（第一卷），教育科学出版社，2011，第230页。
② 习近平：《青年要自觉践行社会主义核心价值观》，《中国青年报》2014年5月5日01版。
③ 董渭川：《董渭川教育文存》，人民教育出版社2007年版，第132页。

教万教教人求真、千学万学学做真人，因此他要求自己是"捧着一颗心来、不带半根草去"。

当然，对师范生开展师德教育，关键是使师范生能够自觉地把高尚的师德目标内化成自己的思想意识和观念，内化成个体的素养，变成自身的自觉行为。一旦教师把师德要求在日常生活的为人处世中体现出来，就反映了教师的品质与品位，这就是我们要倡导的师范生的人品要求。追求高尚的人格，涵养优秀的人品，是优秀教育人才的共同特征。不论是古代的圣哲孔子、朱熹、王阳明等一代鸿儒，还是后来的陶行知、晏阳初、陈鹤琴等现当代教育名人，在他们一生的教育实践中，始终保持崇高的人生信仰，恪守职责，爱生爱教，展示为师者的人格力量，是师范生学习与效仿的榜样。倡导师范生向着儒师目标努力，旨在要求师范生学习历代教育前辈的教育精神，培育其从事教育事业的职业志向，提升其贡献教育事业的职业境界。

二是实现师范生的中国文化认同。历代教育圣贤，高度认同中国文化，坚守中国立场。在学校教育处于全球化、文化多元化的背景下，更要强调师范生的中国文化认同。强调这一点，不是反对吸收多元文化资源，而是强调教师要自觉成为中华优秀传统文化的传播者，这就要求把中华优秀传统文化融入教师培养过程中。这种融入，一方面是从中华优秀传统文化宝库中寻找教育资源，用中华优秀传统文化资源教育师范生，使师范生接触和了解中华优秀传统文化，领会中国社会倡导与坚守的核心价值观，增强文化自信；另一方面是使师范生掌握中国传统文化、社会发展历史的知识，具备和学生沟通、交流的意识和能力。

三是塑造师范生的实践情怀。从孔子到活跃在当代基础教育界的优秀教师，他们成为优秀教师的最基本特点，便是一生没有离开过三尺讲台、没有离开过学生，换言之，他们是在"教育实践"中获得成长的。这既是优秀教师成长规律的体现，又是优秀教师关怀实践、关怀学生的教育情怀的体现。而且优秀教师的这种教育情怀，出发点不是"精致利己"，而是和教育报国、家国情怀密切联系在一起。特别是国家处于兴亡关键时期，一批批有识之士，虽手无寸铁，但是他们投身教育，或捐资办学，或开门授徒，以思想、观念、知识引领社会进步和国家强盛。比如浙江朴学大师孙诒让，作为清末参加科举考试的一介书生，看到中日甲午战争中清政府的无能，怀着"自强之原，莫先于兴学"的信念，回家乡捐资办学，首先办了瑞安算学馆，希望用现代科学拯救中国。

四是塑造师范生的教育性向。教育性向是师范生是否喜教、乐教、善教的个人特性的具体体现，是成为一名合格教师的最基本要求。教育工作是一项专业工作，这对教师的专业素养提出了严格要求。教师需要的专业素养，可以概括为很多条，说到底最基本的一条是教师能够和学生进行互动交流。因为教师的课堂教学工作，实质上就是和学生互动的实践过程。这既要求培养教师研究学生、认识学生、理解学生的能力，又要求培养教师对学生保持宽容的态度和人道的立场，成为纯净的、高尚的人，成为精神生活丰富的人，能够照亮学生心灵，促进学生的健康发展。

依据这四方面的要求，我们主张面向师范生开展培养儒师的教育实践，不是为了培养儒家意义上的"儒"师，而是要求师范生学习儒师的优秀品质，学习儒师的做人之德、育人之道、教人之方、成人之学，造就崇德、宽容、儒雅、端正、理智、进取的现代优秀教师。

做人之德。对德的认识、肯定与追求，在中国历代教育家身上体现得淋漓尽致。舍生取义，追求立德、立功、立言三不朽，这是传统知识分子的基本信念和人生价值取向。对当前教师来说，最值得学习的德之要素，是以仁义之心待人，以仁义之爱弘扬生命之价值。所以，要求师范生学习儒师、成为儒师，既要求师范生具有高尚的政治觉悟、思想修养、道德立场，又要求师范生具有宽厚的人道情怀，爱生如子，公道正派，实事求是，扬善惩恶。正如艾思奇为人，"天性淳厚，从来不见他刻薄过人，也从来不见他用坏心眼考虑过人，他总是拿好心对人，以厚道待人"①。

育人之道。历代教育贤哲都认为教育是一种"人文之道""教化之道"，也就是强调教育要重视塑造人的德行、品格，提升人的自我修养。孔子就告诫学生学习是"为己之学"，意思是强调学习与个体自我完善的关系，并且强调个体的完善，不仅是要培育德行，而且是要丰富和完善人的精神世界。所以，孔子相信礼、乐、射、御、书、数等六艺课程是必要的，因为不论是乐，还是射、御，其目标不是让学生成为唱歌的人、射击的人、驾车的人，而是要从中领悟人的生存秘密，这就是追求人的和谐，包括人与周围世界的和谐、人自身的身心和谐，成为"自觉的人"。这个观点类似于康德所言教育的目的是使人成为人。但是，

① 董标：《杜国庠：左翼文化运动的一位导师——以艾思奇为中心的考察》，载刘正伟《规训与书写：开放的教育史学》，浙江大学出版社，2013，第209页。

康德认为理性是教育基础，教育目标是培育人的实践理性。尼采说得更加清楚，认为优秀教师是一位兼具艺术家、哲学家、救世圣贤等身份的文化建树者。[①]

教人之方。优秀教师不仅学有所长、学有所专，而且教人有方。这是说，教师既懂得教育教学的科学，又懂得教育教学的艺术，做到教育的科学性和艺术性的统一。中国古代圣贤推崇悟与体验，正如孔子所说，"三人行，必有我师焉"，成为"我师"的前提，是"行"（"三人行"），也就是说，只有在人与人的相互交往中，才能有值得学习的资源。可见，这里强调人的"学"，依赖于参与、感悟与体验。这样的观点在后儒那里，变成格物致良知的功夫，以此达成转识成智的教育目标。不论怎样理解与阐释先贤圣哲的观点，都必须肯定这些思想家的教人之方的人文立场是清晰的，这对破解当下科技理性主导教育的思路是有启示的，也能为互联网时代教师存在的意义找到理由。

成人之学。学习是促进人成长的基本因素。互联网为学习者提供了寻找、发现、传播信息的技术手段，但是，要指导学生成为一名成功的学习者，教师更需要保持强劲的学习动力，提升持续学习的能力。而学习价值观是影响和支配教师持续学习、努力学习的深层次因素。对此，联合国教科文组织在研究报告《反思教育：向"全球共同利益"的理念转变？》中明确指出教师对待"学习"应坚持的价值取向：教师需要接受培训，学会促进学习、理解多样性，做到包容，培养与他人共存的能力及保护和改善环境的能力；教师必须营造尊重他人和安全的课堂环境，鼓励自尊和自主，并且运用多种多样的教学和辅导策略；教师必须与家长和社区进行有效的沟通；教师应与其他教师开展团队合作，维护学校的整体利益；教师应了解自己的学生及其家庭，并能够根据学生的具体情况施教；教师应能够选择适当的教学内容，并有效地利用这些内容来培养学生的能力；教师应运用技术和其他材料，以此作为促进学习的工具。联合国教科文组织的报告强调教师要促进学习，加强与家长和社区、团队的沟通及合作。其实，称得上是儒师的中国学者，都十分重视学习以及学习的意义。《礼记·学记》中说"玉不琢，不成器；人不学，不知道"；孔子也说自己是"十有五而志于学"，要求"学以载道"；孟子更说得明白，"得天下英才而教育之"是值得快乐的事。可见，对古代贤者来说，"学习"不仅仅是为掌握一些知识，

---

① 李克寰：《尼采的教育哲学——论作为艺术的教育》，桂冠图书股份有限公司，2011，第50页。

获得某种职业，而是为了"寻道""传道""解惑"，为了明确人生方向。所以，倡导师范生学习儒师、成为儒师，目的是使师范生认真思考优秀学者关于学习与人生关系的态度和立场，唤醒心中的学习动机。

基于上述思考，我们把做人之德、育人之道、教人之方、成人之学确定为儒师教育的重点领域，为师范生成为合格乃至优秀教师标明方向。为此，我们积极推动将中华优秀传统文化融入教师教育的实践，取得了阶段性成果。一是开展"君子之风"教育和文明修身活动，提出了"育教师之四有素养、效圣贤之教育人生、展儒师之时代风范"的教师教育理念，为师范文化注入新的内涵。二是立足湖州文脉精华，挖掘区域文化资源，推进校本课程开发，例如"君子礼仪和大学生形象塑造""跟孔子学做教师"等课程已建成校、院两级核心课程，成为将中华优秀传统文化融入教师教育的有效载体。三是把社区教育作为将中华优秀传统文化融入教师教育的重要渠道，建立"青柚空间""三点半学堂"等师范生服务社区平台，这些平台成为师范生传播中华优秀传统文化和收获丰富、多样的社区教育资源的重要渠道。四是重视推动有助于将中华优秀传统文化融入教师教育的社团建设工作，例如建立胡瑗教育思想研究社团，聘任教育史专业教师担任社团指导教师，使师范生在参加专业的社团活动中获得成长。这些工作的深入开展，对向师范生开展中华优秀传统文化教育产生了积极作用，成为师范生认识国情、认识历史、认识社会的重要举措。而此次组织出版的"当代儒师培养书系"，正是学院教师对优秀教师培养实践理论探索的汇集，也是浙江省卓越教师培养协同创新中心浙北分中心、浙江省重点建设教师培养基地、浙江省高校"十三五"优势专业（小学教育）、湖州市重点学科（教育学）、湖州市人文社科研究基地（农村教育）、湖州师范学院重点学科（教育学）的研究成果。我们相信，该书系的出版，将有助于促进学院全面深化教师教育改革，进一步提升教师教育质量。我们更相信，将中华优秀传统文化融入教师培养全过程，构建先进的、富有中国烙印的教师教育文化，是历史和时代赋予教师教育机构的艰巨任务和光荣使命，值得教师教育机构持续探索、创新有为。

舒志定

2018 年 1 月 30 日于湖州师范学院

自 序

PREFACE

　　1995 年，我有幸师从李克东先生、李运林先生进行系统的学习。在华南师范大学三年学习期间，我经常聆听我国电化教育的开创者南国农先生的教诲。在他们的引导下，我开始学习与研究多媒体、超文本、迷航与导航等新知识，有一篇小文《超文本结构导航策略研究》入选华南师范大学举办的第一届"全球华人计算机教育应用大会"论文集，并在大会上做了交流发言，自此便开启了我研究多媒体学习的历程。

　　进入 21 世纪后，多媒体学习逐渐成为我的主要研究方向。我先后对教育网页的网络信息元组织模式、多媒体信息素养、多媒体信息呈现方式、中文教育网页的视觉特征、多媒体信息加工通道和多媒体阅读行为等进行了较深入的研究。2013 年获得国家社会科学基金（教育科学规划课题）资助，立项了"中学生多媒体浏览行为的眼动特征与选择偏好研究"课题。在研究团队的共同努力下，该课题顺利通过结题验收，并在《教育研究》《电化教育研究》《中国电化教育》等期刊上发表了与多媒体学习相关的文章 30 多篇。

　　经过 20 多年的积累，我发表多媒体学习方面的论文 40 多篇，各类课题近 20 项，有 35 位研究生的学位论文也是以多媒体为选题。对多媒体的特征、多媒体学习通道、多媒体学习模式和多媒体学习行为等核心内容的研究日渐完善，研究内容比较丰富，并逐渐形成体系。为此，本书作者团队对已有研究成果进行了系统的筛选与梳理，形成了《多媒体学习原理》的基本框架，随后对相关内容进行补充、修订与完善。

　　本书共有七章内容，以信息时代多媒体在教育教学中的大量应用为背景，从多媒体引发人类学习方式的历史变迁开始，逐步探讨多媒体的特征与本质，多媒体学习中的基本问题、基本模式和行为偏好，在此基础上对多媒体学习的主体与客体进行了较全面的研究。徐曼琦和朱珏分别撰写了第一章和第六章的初稿，李智晔、王晓丹、刘冰玉、李娜、王珏和唐金玉等参与了第四章和第五章的撰写，第七章吸收了肇洋和左建军的相关研究成果。在此，对参加本书撰写的亲人、同事和同学们表示万分的、由衷的谢意，正是得到你们的全力支持，《多媒体学习原理》才可能尽显智慧与灿烂。

　　本书的顺利出版，离不开湖州师范学院教师教育学院领导、同事们的关心与支持，饱含了各届研究生的辛勤努力和智慧结晶，受到湖州师范学院教师教育学院学术专著出版基金的资助，获得浙江大学出版社和浙江省教育信息化评价与应用研究中心的鼎力帮助与关爱。书中也引用了许多同事和专家的研究成果，在此表示衷心的感谢，并致以崇高的敬意！

刘世清

2022 年 5 月于湖州师范学院

目 录
CONTENTS

第一章

人类学习方式的变迁

◎ **本章内容概述**

　　身处社会发展的进程中，人们强烈且切身地感受到信息技术和学习方式的双重变革，后者的变革源于前者，但比前者更为持久与深刻。学习方式的变革对我们的生活和工作产生了巨大的影响，也为我们的成长与发展添加了新的动力。面对不断变化的学习方式，我们需要思考的是：这种深刻而持久的变化是什么时候发生的？只有了解了这个问题，我们才能厘清人类学习方式变迁的本质及其发展前景。本章主要讨论多媒体的发展历史、人类学习方式的变革和信息时代的学习方式等，从媒体发展的视角重新审视人类学习方式的变迁轨迹。

第一节　教育媒体的发展历史

　　教育媒体的变化演进与人类社会的进步发展有着紧密的关联，因此，从人类发展的视角可以把教育媒体的发展历史系统地梳理为以下几个阶段。

一、语言媒体阶段

　　语言是词汇按照特定的语法结构而组成的相对复杂的符号系统，语言符号系统中还包含三个子系统，即语音系统、词汇系统和语法系统。语言作为人类独有的交际工具，会随人类社会的产生与发展而持续不断地发生变化。因此，有人类存在的地方，就有语言。对于无法离开社会生活的人类来说，语言与我们的日常生活有着密不可分的联系。从人类的发展历史来看，早在7万年前，人类就已经具备了包括语言在内的生存技能。在人类语言真正产生之前，它经历了从封闭式"叫唤系统"到开放式"语言系统"的转变，即波普尔所提出的"从动物语言到人类语言的进化"。高度发达的语言承载着传授新技能、制作更加精良的武器和提高捕猎效率的功能，成为部落之间竞争的巨大优势，也促使着人类去追求生存以外的东西。

毋庸置疑，语言是人类开启智慧与思想的象征，但是关于语言的起源与本质等问题，从18世纪末至21世纪，跨越几百年，依然纷争不断。达尔文是最早提出"语言本能论"的学者，在《人类的由来》(*The Descent of Man*，1871)中，他对语言的产生进行了深入的思考，并提出了极具争议的看法，即语言能力是"掌握一项技艺的本能倾向"。达尔文认为，这种本能并非人类所独有，在其他物种中也有所体现，如鸟类在示威、乞食、联络和求偶时，会发出不同的鸣叫。美国心理学之父威廉·詹姆斯(William James)是达尔文的忠实追随者，他认为人类不但具有动物所具备的一切本能，并且还拥有大量的其他本能，这种本能之间的相互竞争与相互影响让人类的头脑变得灵活，是人类语言产生的先决条件。由德国生物学家魏斯曼(A. Weismann)创建的新达尔文主义流派(neo-Darwinism)，将"遗传学"与"自然选择学说"相结合，开创了进化论研究的新方向，在他们看来，"自然选择"是促进语言进化的动力机制，这一观点至今依旧深入人心。20世纪80年代，随着认知科学的不断发展，关于人类语言的研究涌现出了一些新颖而又有趣的见解，其中，来自诺姆·乔姆斯基(Noam Chomsky)的研究论述获得了许多专业人员的认可，他所倡导的"生成语法研究"提醒人们关注语言的"内在机制"，即语言研究应"从语言行为及行为的后果转向产生行为的内在机制"。他批判以往关于语言的研究都将语言限制在"E-语言(Externalized Language)概念"之中，错误理解了语言的本质。在乔姆斯基看来，人类的认知系统之中存在着一种被称为"语言技能"(Language Faculty)的子系统，它能够在人脑内部进行一套适用于世界上所有语言的语法规则的表征，即普遍语法原则(Universal Grammar)，而儿童就是利用这种先天机制来理解与产生语言的。

　　虽然现在已有的研究对于人类语言起源这个问题无法给出明晰的结论，但是，我们可以从生物科学和人类文化发展的角度去拟构人类语言发展的进程。古人类学家泽拉塞奈·阿莱姆塞吉德（Zeresenay Alemseged）在埃塞俄比亚边远地区迪基卡（Dikika）发现了一具阿法南方古猿（Australopithecus）骨骸化石，而这个生活在 330 万年前 3 岁女童的化石舌骨，与猿类的舌骨十分相像，呈泡状。这一重大发现证实了人类语言的起源是人类进化支（Evolutionary Lineage）演化中独立产生的事件。19 世纪 60 年代，神经科学家布洛卡（Broca）发现，在所有由脑损伤引发的语言障碍中，损伤部位位于左侧大脑外侧裂区的病例高达 98%，因此他推断，这一区域是人类的"语言器官"。"布洛卡区"（Broca's area，即语言中枢区）的发现为语言基因的存在提供了间接的证据。随后，考古学家在能人（Homo habilis）的脑膜化石中发现了语言中枢区的存在，由此可以推断在两三百万年前，人类已经能够通过语言进行交流了。1874 年，德国神经科学医生韦尼克（Wernicke）发现了大脑左半球一个不同于布洛卡区的重要语言区域，该区域可以控制语言理解的技能。也就是说，人类与非人类灵长类动物的语言处理中枢位于脑部的同一区域，这表明两者之间在语言方面存在着较为紧密的联系。1971 年，考古学家艾伦斯博格特（Arensburgetal）发现了中石器时代尼安德特人的舌骨化石。经过比较研究发现，尼安德特人的舌骨在形态上较为接近现代人的舌骨形态，这说明此时人类的语言能力相较于能人已经有了显著的进步。

　　人类语言的发展从能人算起，经历了能人、直立人、早期智人直至现代智人近祖，前后近 300 万年的历史。在这一历程中人类语言逐渐形成其独有的四种特性：生产性、置换性、二重性与传递性。这四种特性标志着人类在交流方面，尤其是在记忆存储、知识传递及表达复杂的高级概念这些能力方面有了显著的进步。且随着部落发展的需求，教育下一代青年的任务，从家族的手中逐渐转移到专职教师的手中，他们通过语言教授生存技巧，这也是教育史上的第一次革命。由此，语言正式成为传播媒体和教育媒体。

二、文字媒体阶段

文字起源于图画。考古学家对西班牙和法国的壁画洞穴进行勘探，发现在洞穴中留有6万多年以前人类尝试记录历史的痕迹——将色素涂抹在手掌上，并将手掌按压在岩壁上留下印记作为自身存在的记载。但是我们只能将这些图像称为"人类存在的印记"，而非真正的文字。此后的几万年间，原始图画开始朝着图画艺术和文字技术这两个方向发展。人类历史上几个独立发展的文字按照其出现的时间顺序排列，依次为苏美尔的楔形文字、埃及的圣书体、印度的印章文字、闪族字母、中国的汉字、中美洲的玛雅文字。（见图1-1）

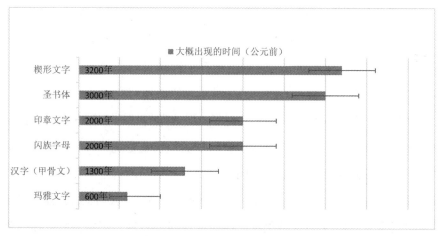

图1-1 人类历史上几个独立发展的文字出现的时间顺序

依据这些文字出现的先后时序，我们可以将世界文字的历史分为三个时期，即原始文字时期、古典文字时期和字母文字时期。

（一）原始文字时期

原始文字一般兼具表形和表意这两种表达方式，因此也被称作"形意文字"，如今已经得到考古学界印证的原始的文字资料可以分为刻符、岩画、文字画和图画字这四类。其中，文字画（文字性图画）是图画真正开始走向原始文字的表现，也就是在记事图画的基础上，借由简化过的图形作为表示某种特定意义的符号，这些符号久而久之成为语言中某些词语的固定表达形式，也就产生了人类最早的文字——表形文字。

将经过简化的图形作为符号来表示人类语言中一些词语的意思所产生的文字，被称为表形文字，这是人类历史上最早期的文字。但是随着现代文明的高速发展，我们已经很难从现代文字中找到原始文字的痕迹，只有在文化尚待发展的地区还有原始文字的遗留与使用。自公元前 8000 年左右出现雕刻符号和岩石壁画开始算起，直至公元前 3500 年前两河流域楔形文字的逐渐成熟，这期间近 4500 年的时间积淀被视为人类的"原始文字"时期。

（二）古典文字时期

古典文字时期的重要代表是苏美尔的楔形文字、埃及的圣书体和中国的甲骨文。大约在公元前 3200 年，生活在美索不达米亚平原（今伊拉克境内）的苏美尔人用两河流域（底格里斯河和幼发拉底河）沼泽地盛产的黏土制成泥版，选用具有一定韧性的芦苇秆削割成三角形切面的笔，并在泥制的版面上印刻成文字，由于这样书写而成的文字呈现楔形特征，因而被称为"楔形文字"。泥版制作为最初的文字载体，在两河流域使用时间长达 3000 余年，见证了两河流域古代文明的演进。"圣书体"的出现略晚于苏美尔文字，起初也是象形符号，大约在公元前 3000 年，古埃及人利用"纸莎草"（生长在尼罗河三角洲沼泽地中的一种植物）的纤维秆制成"草纸"作为书写材料，所以"圣书体"逐渐草书化，其所包含的标声符号成为创造字母的主要来源。约公元前 1300 年，中国黄河流域的殷商王室因占卜记事之需而在龟甲或兽骨上镂刻文字，因而创造了"甲骨文"，这是中国及东亚地区据考古考证的最早的具有成熟体系的商代文字的载体之一，也被视为汉字最初的形态。"甲骨文"出现的时间虽然较晚，但是已经是相当成熟的文字。自公元前 3500 年前两河流域趋于成熟的"意音文字"算起，至公元前 11 世纪于地中海地区"字母文字"兴起的这 2400 多年，被称为人类的"古典文字"时期。

（三）字母文字时期

"字母文字"是一项伟大的创造，它的发展历史可以分为四个阶段：第一阶段始于公元前 11 世纪，被视为"音节·辅音字母"的新兴时期；第二阶段是从公元前 9 世纪左右算起，是"音素字母"主导时期；第三阶段约为公元前 7 世纪，此时是"拉丁字母"盛行时期；第四阶段是从公元 15 世纪开始的拉丁字母向国际流通时期。从公元前 15 世纪开始，地中海东部岛屿的沿岸地区成为海上商业发展最为繁盛的区域。商人们在海上通行往来，交流货资，需要记录商品和金钱的出纳，但是繁难复杂的钉头字和圣书字不符合他们的实际需要，因此他们根据实际需求，对照钉头字与圣书字中的表音符号进行模仿，随机地创造出了许多被后世称为"字母"的简易文字，这种文字使用起来简单快捷，很容易为其他语言所借用。这个小小的改变，开创了人类文字历史的新时期，"音节·辅音字母"在不断传播的过程中逐渐演变为分别表示辅音和元音的"音素字母"，成为全世界通用的文字符号。

文字的发明对于人类文明的启蒙具有十分重要的意义，文字成为一种非常重要的教育媒体。随着文字的发展与演变，人类学习过程的感觉重心也从听觉转移到了视觉，即教育所使用的工具由教师的口语、手势转到了口耳相传和书写训练，从而又一次引起了教育方式的变革。

三、印刷媒体阶段

在印刷术发明之前，文化主要依靠手抄书籍的方式进行传播。手抄书籍不但耗时费力，而且极其容易出现错字漏字的现象，这对文本信息的正确传播是极为不利的。因此，弗朗西斯·培根（Francis Bacon）称造纸和印刷术的发明在学术方面"改变了整个世界的面貌和事物的状态"，因此我们将印刷媒体的出现视为人类教育史上的第三次革命。

印刷技术始于中国，其源头可以追溯到新石器时代的印纹陶和彩陶，到了战国时期，已经出现了用于织物印花的雕刻凸版和漏版，西汉时期随着印染技术的更新，出现了更具有观赏性的多色分版印花。印章和石刻则为印书术提供了先验性的启示，而用纸贴附在石碑上进行墨拓的方式为雕版印刷提供了发展方向。到了隋唐时期，已经出现了雕版印书，至宋代（960—1279 年），雕版印刷技术发展到了全盛时期，各种印本甚多。较好的雕版多用梨木、枣木等木材制成。因此，有以"灾及梨枣"的成语来讽刺那些无价值的印版书。日本与中国相邻，因此，其印刷技术的发展紧随中国之后，日本在 8 世纪已经成熟地掌握了雕版技术并将其应用于佛经的印发。中国成熟的雕版印刷技术不久之后也传入了朝鲜，据历史记载，高丽穆宗时期（998—1009 年）已经开始用这项技术印制经书。此后，这项技术经中亚传到波斯，其间辗转多个国家，并于 14 世纪左右由波斯传入埃及。如此看来，波斯可谓是中国雕版印刷技术向西方国家传播的中转站。因此，直至 14 世纪末期，欧洲才出现木版雕刻印刷的纸牌、圣像画像以及供教学使用的拉丁文课本。

北宋发明家毕昇在印刷实践中，总结前人经验，通过胶泥活字、木活字排版的方式对雕版印刷进行了改良，于庆历年间（1041—1048 年）发明了活字印刷术。活字印刷相较于以往的印刷技术，其进步可谓是质的飞跃，其最大的特点就是灵活便捷、省时节力，只要事先准备好充足的单个活字，就可以利用这些活字随意拼成需要印刷的文字版稿，且这些活字不容易损耗，可供重复使用。此外，活字体积较小，比雕版占据更少的储藏空间，不用时也比较容易保存。活字印刷术是古代印刷术的重大突破，提高了印刷效率。到了南宋（1127—1279 年），印刷技术的发展促进了我国古代文化教育的兴盛，为南宋的中央官学、地方官学、书院、村校和私塾的蓬勃发展奠定了物质基础。我国的木活字印刷技术大约于 14 世纪由商队传入朝鲜和日本。朝鲜在木活字印刷技术的基础上，制作出了更坚固耐用的铜活字。此后，经过几次革新的活字技术从我国新疆经波斯至埃及，最后传入欧洲内陆。对中国来说，印刷术在一定程度上起到了开民智的作用，当时一些先进文化和思想得到了更为高效的传播；与此同时，中国的传统文化也找到了传承与发展的新路径。放眼世界文明，中国经历了五千多年时代的更迭，却还保存着数量如此庞大、记录如此完整的典籍，其文献的多产性、连续性和普遍性在众多国家中尤为突出，而这些都得益于印刷术的广泛应用。

1450 年前后，德国美因兹的约翰内斯·古登堡（Johannes Gutenberg）受中国活字印刷的影响，发明了世界上第一台印刷机。活字印刷特别适合拼音文字系统，古登堡利用由铅、锌和其他金属的合金组成的字母建立了一套字母库，将它们排列成印刷的书页，并结合当时德国的机械技术，对活字印刷进行了技术革新，使其更加适用于拉丁文化领域和基督教领域内的通用拼音文字。古登堡的铅活字版机械印刷术的发明为印刷出版业的诞生和发展奠定了基础。随着社会需求的不断提高，古登堡发明的印刷机在德国境内很快就得到了普及，到1480 年，共有约 30 个城镇开设了印刷所。1456 年后，机械印刷术向欧洲各国广泛传播。到了 1465 年，意大利出现了专职的印刷工人。1476 年，威廉·卡克斯顿（William Caxton）在英国威斯敏斯特大教堂旁开办了个人印刷厂。随后瑞典、法国、荷兰等国也都先后有了印刷厂，并纷纷出版书籍。在欧洲社会从中世纪向现代化过渡的进程中，看似不起眼的印刷术却起到了极其重要的推动作用。活字印刷于 15 世纪中期在欧洲的出现，成为研究欧洲历史的一个断代标准。自此之后，欧洲展开了宗教改革和文艺复兴运动，多民族文字和文学在欧洲依赖于印刷书籍的广泛传播得以建立。正如 20 世纪英国史学家威尔斯（H. G. Wells）所说："造纸术和印刷术在一定程度上成了解放人类思想的强大武器，成为 15 世纪文艺复兴、16 世纪宗教改革和 17 世纪科学革命兴起的必要条件。"

印刷术既是当时社会的必然产物，也是时代发展的需要，不仅对出版、文化、宗教及人们知识水平的提高起到了空前的促进作用，还为推动社会的发展提供了在那个时代无可比拟的力量。它的应用和发明在人类传播史上具有里程碑的意义，为共享教育文本在内的文本资源创造了条件。孙中山在《实业计划》中如此评价印刷媒体："据近世文明言，生活之物质原件共有五种，即衣、食、住、行及印刷也"，"印刷为近世社会之一需求，人类非此无由进步"。在我们身处的现实世界中，政治、文化、经济、教育等各个领域，都离不开印刷媒体，它已经渗透到人们的生活之中。印刷术是全世界公认的"文明之母"，在其"羽翼"之下，文明和思想才得以完好保存，它同时也是人类获取知识、交流互通、传播信息的重要媒介。回望历史的长卷，我们不难发现，现代文明的每一次或大或小的进展，都与印刷术的应用与传播有着密不可分的关联。

印刷术的成熟为教科书的出现奠定了技术基础，也为班级授课提供了物质支撑。由此，人类真正进入印刷媒体阶段，也进入学校教育阶段。印刷媒体成为教育活动中最重要的因素，助力人类文明的传承，推进教育教学活动的创新和学习方式的变革。

四、电子媒体阶段

一项新的技术，往往能够影响或者改变教育教学的形式。19世纪以来，以电子技术新成果为主发展起来的新传播媒体——无线电、电视、电影等，被人们称为电子传播媒体。电子传播媒体的出现使得人类信息传播的能力和效率迈上了一个新的台阶，世界各国的教学规模得益于电子传播媒体的扩大，因此推进了教育史上的第四次革命。

无线电发明于19世纪末期。意大利的古格利尔摩·马可尼（Guglielmo Marcon）在博洛尼亚大学学习期间，用电磁波进行了约2千米距离的无线电通信实验，并获得成功。但马可尼并没有就此止步，他很快联想到，这项实验成果是否可以支持远距离无线路信息发送，如果能够实现这一设想，那么这将会是比当时盛行的电报通信更为便捷的联络方式。于是他潜心钻研，并于1896年在英国进行了无线电信号装置设备的演示实验，这次成功的实验使他获得了无线电信号装置的发明专利权。从技术的角度来看，无线电通信摆脱了传统导线通信的局限性，是世界通信技术史上的重大飞跃，也是人类科技历史演进中重要的里程碑。随后，马可尼对他早先在实验中使用过的短波重新进行研究，于1923年在波尔杜（Poldhu）电台和当时正在大西洋和地中海区域间巡航的马可尼快艇——"艾列特拉"（Elettra）号之间搭建了通信电波并进行了一系列的试验。这些试验推动了远距离定向通信系统的建立。战争期间，英国政府采纳了这种通信系统，将其作为英联邦之间的通信手段。这种定向通信系统随后发展为20世纪初流行的无线电广播系统。早期的无线电广播主要用于新闻播报，并很快应用于人们的日常娱乐。据数据统计，到了 1922 年，在美国至少有 30 所无线电广播站和 6 万台接收器，并且这些数字以指数级增长。中国于 20 世纪 20 年代引进了无线电设备，其早期主要应用于政治和教育等方面。1928 年，国民政府中央广播电台成立，并从建台起就广播教育类节目。对于任何处于无线发射电台接收范围内的接收器持有者而言，无线电均可免费接入与开放，很显然，无线电改变了新闻和信息的传播，成了当时一种新的娱乐形式。直至今日，收音机仍是新闻、信息和娱乐的一种来源。

机电电视机也同样发明于 19 世纪末 20 世纪初。德国电气工程师保罗·戈特列·尼普科夫（Paul Gottlieb Nipkow）于 1884 年获得专利的圆盘扫描法，被视为优化电视机械扫描问题的有效方法，因此圆盘扫描法在电视发展史上有着举足轻重的地位。为了纪念这项技术的发明者，用于扫描的圆盘也被人们称为尼普科夫圆盘。"圆盘"虽然在外观上与唱片没有太大的区别，但是仔细观察就能发现在其周边有序排布着若干螺旋形小孔，这些小孔在圆盘转动时可以对图像进行序列扫描，并且通过硒光电管进行电转换，这一系列运作就将画像电传扫描的设想转变为现实。1908 年，英国的肯培尔·斯文顿（Kemper Swinton）和俄国的罗申克（Рошенк）提出电子扫描原理，奠定了近代电视技术的理论基础。1923 年，美籍苏联人兹瓦里金（зваликин）发明静电积贮式摄像管，同年又发明了电子扫描式显像管，这是近代电视摄像技术的先驱。1925 年，约翰·洛奇·贝尔德（John Logie Baird）在伦敦根据尼普科夫圆盘发明了机械扫描式电视摄像机和接收机。当时电视画面的分辨率仅为 30 LPi（线／英寸），扫描器每秒扫过扫描区的最大频次是 5，而画面本体也被局限在高为 2 英寸、宽为 1 英寸的画幅内（接近于两寸照片大小）。直至 1930 年，电视才真正迈入图像与声音同步的时代。在 1939 年的纽约世界博览会上，电视机成为最大的亮点。无线广播和电视都是基于点对多的广播技术，在本质上，它们代表了用于支持学习、提升绩效和辅助教学的通信技术。但是，电视广播有着比无线广播更高的交互优势和呈现如何执行程序性任务的潜力。电视的可视化功能，很好地利用了学习者的视觉器官，配合动态扬声器，可以在一定范围内促进与学习者的互动，在早期儿童教育方面产生了较大的影响。

电影作为电子媒体的一个分支，同样也是信息传递的重要方式之一。电影的产生与"视觉残留"现象的发现有着密不可分的联系。早在 1829 年，比利时著名的物理学家约瑟夫·安托万·费迪南·普拉托（Joseph Antoine Ferdinand Plateau）在实验中观察到一种有趣的现象：当某一物体在人类眼前消失之后，该物体的视像并不会随着物体的消失而消失，而会在人类的视网膜上停留一段时间，普拉托将这种现象称为"视觉暂留原理"。普拉托根据这一原理于 1832 年发明了"诡盘"（Phenakistiscope），它由固定在一根轴上的两块圆形硬纸盘构成，在放置于前端的圆形纸盘周围按照相同的间隔刻上一定数量的空格，放置于后端的圆形纸盘则按照一定的间隔绘制出一个个人或动物的连续动作画面。使用时，需要将前后两个圆形纸盘重叠在一个可旋转轴心处，用手转动后面的圆形纸盘，透过前面圆形纸盘的空格观看，就能够看到连续的动态图像。这种使静止的分解图像在视觉上产生动态效果的圆形纸盘就被称为"诡盘"，它的出现标志着电影的发明迈入了科学实验的阶段。此外，摄影技术的不断精进与改善是电影得以顺利诞生的重要前提。1889 年，美国的伊斯曼（G. Eastman）发明了将感光乳剂涂在赛璐珞长条上的感光胶片，这种感光胶片能够支持长时间活动影像的拍摄，并且使透视或放映这些影像成为可能。接着，托马斯·爱迪生（Thomas Edison）和迪克森（W. K. Dickson）通过研究感光胶片的运作原理，发明了与感光胶片适配的连续拍摄的摄像机，并且于 1981 年发明了摄像机的配套设备，即可供摄影师观看活动影像的放大视镜。1895 年，法国的奥古斯特·卢米埃尔（Auguste Lumiere）和路易·卢米埃尔（Louis Lumiere）在爱迪生的"电影视镜"和他们自己研制的"连续摄影机"的基础上，成功研制了"活动电影机"。早期的电影主要放映戏剧小说或纪录片，后来逐渐出现一些教学电影。在中国，电影教学是先于广播和电视的教育技术出现的，教学影片常常连同幻灯片和留声机唱片一起用来教授农林知识。如由美国卫理公会（The Methodist Church）在中国南京创办的金陵大学的农林科制作的教学电影是最早的教学影片之一。1941 年，中国科学家和中国空军乘坐轻型轰炸机在甘肃省上空拍摄了日全食影片，并使用该影片展示了完整的日食过程，而这也是电影在教育中的最初应用。电影的可编辑性十分适用于教学，它可以任意次数地暂停、回放或快进，以适应教学内容的变化和课堂教学的节奏。

电子媒体的出现，改变的并不仅仅是人类的娱乐生活，在电子媒体技术的支持下，信息传播的速度和距离从根本上得到了巨大的突破。立足于人类社会信息系统与教育系统的长远发展，电子媒体无疑为人类知识经验的积累和历史文化的传承提供了更为强大的技术保障。

五、多媒体阶段

自 20 世纪 90 年代以来，世界向着信息化社会迅速发展，而多媒体技术在推进信息化的过程中发挥了极其重要的作用。多媒体使人类信息交流的方式和信息传递的途径发生了颠覆性的革新。

多媒体技术的一些概念和试验方法萌芽于 20 世纪 60 年代。1965 年，特德·纳尔逊（Ted Nelson）提出了一种在计算机上处理文本文件的方法，这种方法可以将相关文本组织在一起。纳尔逊为这种计算机运行处理方式杜撰了一个词，称为"hypertext"（超文本）。与传统的线性文本组织形式不同，"超文本"的线性文本组织形式使得计算机能够对人们的思维做出反应，并让使用者轻松获得所需的信息文本。蒂姆·伯纳斯·李（Tim Berners Lee）创立的万维网（World Wide Web，WWW）中的多媒体信息，正是得益于"超文本"技术，形成了一个全球性的超媒体空间。20 世纪 60 年代，纳尔逊开始了"上都计划"（Xanadu Project），目的是搭建一个全球范围内通用的图书馆、全球化超文本出版工具及相配套的版权纠纷处理系统和精英交流论坛，但该计划最后以失败告终。1967 年，尼古拉·尼葛洛庞帝(Nicholas Negroponte)在麻省理工学院(MIT)成立了架构计算机小组（Architecture Machine Group）。1968 年，道格拉斯·恩格尔巴特（Douglas Engelbart）在斯坦福国际研究院（SRI）演示了 NLS 系统。1969 年，纳尔逊和万戴蒙（van Dam）在布朗大学（Brown University）的实验室内，通过改变前端框架，开发出了一款超文本编辑器。1976 年，美国麻省理工学院架构计算机小组向美国国防部高级研究计划局（Defense Advanced Research Projects Agency，DARPA）提出多种媒体（Multiple Media）的建议。

20 世纪 80 年代中期，多媒体技术从理论阶段迈入了技术试验阶段。1984 年，美国苹果公司在开发麦金塔（Macintosh）电脑时，为了增加图形处理功能和改善人机交互界面，创造性地使用了位映射（bitmap）、窗口（window）、图符（icon）等技术。这一系列改进所呈现出的图形用户界面（Graphical User Interface，GUI）受到了大批用户的青睐。此外，新型交互设备——鼠标，作为 GUI 的配套设施被引入使用，让用户们获得了前所未有的操作体验。乘胜追击，苹果公司又于三年后推出了"超级卡"（Hypercard），装载超级卡的麦金塔电脑在性能上得到了质的提升：更容易使用、更容易学习，并能处理更多的多媒体信息，受到苹果电脑用户的一致赞誉。1985 年，微软公司推出了 Windows 系统，该系统环境支持鼠标驱动图形菜单，并支持多用户图形和多层窗口操作的多媒体系统，其功能与界面对于用户来说十分友好。微软公司针对其不同的电脑设备，推出了不同的系统，如Windows 1X、Windows 3X、Windows NT、Windows 9X、Windows 2000、Windows XP 等。1985 年，美国 Commodore 公司推出了世界上第一台多媒体计算机 Amiga 系统。Amiga 内部搭载的 CPU（中央处理器）是摩托罗拉 M68000 微处理器，此外，为了满足高度精密的计算要求，还配备了由 Commodore 公司开发的 Agnus 8370、Pzula 8364 和 Denise 8362 三种较为特殊的芯片。Amiga 有一套专属的操作系统，包含下拉菜单、多图形窗口、多功能图标等。在该系统支持下，用户可以轻松处理多项任务。1985 年，尼葛洛庞帝和威斯纳（Wiesner）成立麻省理工学院媒体实验室（MIT Media Lab）。1986 年，荷兰飞利浦（Philips）公司和日本索尼（Sony）公司联合研制并推出 CD-I（compact disc interactive，交互式紧凑光盘系统），同时公布了该系统所采用的 CD-ROM 光盘的数据格式。这项技术获得了国际标准化组织（ISO）的认可，为大容量存储设备光盘打开市场的同时，也使得声音、文字、图形等信息转化为数字化媒体提供了高效而便捷的手段。

目前，尚且无法查证"多媒体"一词最初的提及者是谁，因此，学术界都将 1985 年 10 月于美国电气与电子工程师协会（Institute of Electrical and Electronics Engineers，IEEE）首次出版的电脑杂志《多媒体通信》作为"多媒体"一词在已有文献记载中的最早来源。多媒体技术的出现，如同在世界范围内投下了一颗巨大的烟花，其点燃时产生的轰动，让整个世界都为之震荡。"多媒体"技术成为新时代科技发展的指路明灯，清晰地展现出通信技术改革与发展的方向。1987 年，交互声像工业协会作为一个国际性组织出现，并于 1991 年更名为交互多媒体协会（Interactive Multimedia Association，IMA），当时已经有 15 个国家的 200 多家公司加入该组织。美国无线电公司（RCA）后来把推出的交互式数字视频系统（Digital Visual Interface，DVI）出售给了美国通用电气公司（General Electric Co.，GE）。1987 年，Intel 公司向 GE 公司收购了该交互系统，花了两年的时间对 DVI 技术进行改进，成功将其开发成一款可以向世界范围内用户普及的商品。随即，Intel 公司又与 IBM 公司建立了合作关系，在 Comdex/Fall '89 展示会上首次推出了 Action Media 750 多媒体开发平台。该平台的硬件系统基于 DOS 系统的音频 / 视频系统（audio video support system，AVSS）的支撑，由音频、视频等多功能板块和插件构成。1991 年，Intel 公司又与 IBM 公司合作推出了 Action Media 二代，二代系统将硬件部分集中至采集板和用户板两个专用插件上，极大地优化了插件的集成度。此外，该系统的软件采用了基于 Windows 系统的音频与视频运行内核（audio video kernel，AVK）。因此，二代系统在扩展性、可移植性、音频和视频处理等方面均有不小的提升。

自 20 世纪 90 年代以来，多媒体技术逐渐成熟。多媒体技术从以研究开发为重心转移到以应用为重心。1989 年，蒂姆·伯纳斯·李向欧洲核研究理事会（European Council for Nuclear Research，简称 CERN）建议建立万维网（WWW）。1990 年，胡珀·伍尔西（K. Hooper Woolsey）带头组建了苹果公司多媒体实验室（Apple Multimedia Lab）。由于多媒体技术涉及的范围较广，包括计算机、电子通信、影视等多个行业，因此多媒体技术需要较强的综合技术支撑，这就要求多个行业进行技术协作，以支持多媒体技术的发展。此外，多媒体技术产品的应用，既面向广大的消费者，也面向技术型、研究型人员，这就涉及社会上不同用户层次的问题，因此，解决"标准化"问题也是多媒体技术实用化的关键。1993—1995年，由数十家国际知名的软硬件公司组成的多媒体个人计算机市场协会（The Multimedia PC Marketing Council，MPMC）不断推进多媒体个人电脑标准的建立，期望总结出计算机应用推广的最优方案，并以此来指导多媒体产品的研制。

目前，多媒体技术及其相关应用正向着更深层级发展，"多媒体"与"网络"之间的紧密联结，使得"多媒体网络教学"成为可能。逼真的虚拟现实（virtual reality）技术也不断地向各个领域"开疆拓土"，这种集视、听、触等多重人体感觉器官功能于一体的综合性仿真技术，也为多媒体网络教学提供了新的发展方向。多媒体网络技术作为信息时代教学媒体的重要支撑，其独特的信息空间的整合性、交互性、可控性、主观性和非线性等特点，使得它与黑板、粉笔、挂图等传统媒体形成了本质上的区别，不仅转变了教学方式，也将推动传统的教学模式、教学内容和教学方法迎来重大的革新。

第二节　人类学习方式的变革

教育媒体的不断丰富与发展，一方面延伸了人类的交往范围，增强了人类战胜大自然的能力，推进了人类社会不断向前发展；另一方面伴随着不同的教育媒体应用于教育领域，也出现了与之对应的、新的学习方式。

一、人类学习方式的内涵

从广义上来看，学习方式同生产方式处于同一层次的概念范畴。人类的学习活动和人类的物质生产活动一样，都是人类最为基本的社会实践之一。这两者相辅相成且互为因果。没有物质生产活动，人类显然无法在多变且恶劣的自然环境中顺利生存和快速发展。然而，人类的生产能力绝不仅仅依赖于生物遗传的本能，而且是后天在学习与生产活动中逐渐形成的。正是通过这种广泛的学习活动，人类社会才能继续代代相传，后人继承前人的成就，更快更高效地向新的纪元迈进。学习与生产一样，属于相同的历史范畴，生产方式反映了人类在历史进程中的政治和地理环境等的变迁，而学习活动则揭示了人类在不同时代的学习方法、内容和模式的特点，这有助于我们对人类的学习特点和发展规律形成整体上的认知与把握。学习是人类自身再生产的社会实践活动，因此学习方式由学习能力发展的水平决定，而且受到学习活动的物质载体和物质手段的制约。人类正是在广泛意义上的学习活动中，形成与发展其认识能力和实践能力的。

二、教育媒体与学习方式变革

教育是人类社会所特有的一种现象，它起源于劳动，是人类头脑与言语发展的催化剂，并且在其产生和发展的过程中，同劳动一样起着极其重要的作用。在中国，"教育"一词源于《孟子·尽心上》："君子有三乐，而王天下不与存焉。父母俱存，兄弟无故，一乐也；仰不愧于天，俯不怍于人，二乐也；得天下英才而教育之，三乐也。"许慎在《说文解字》中如是疏解："教，上所施，下所效也"；"育，养子使作善也"。在西方国家，"教育"一词起源于拉丁文"educate"，这一词的前缀"e-"在西方文化概念中，也有"出"的寓意，与前缀"e-"相关的词如 export（出口），都有向、往的引申义，指的是通过一些方法或手段，把原本潜藏在身体内部或心灵深处的东西引发出来。也就是说，追溯西方"教育"一词的词源，其蕴含着内发之意，强调教育是一种自然的、随波逐流的活动，旨在使自然的人固有或潜在的特征，由其内心向外发散，从而进入现实的发展状态。

因而，自从人类在地球上出现并逐渐壮大，教育便也随之渐渐形成，并且人类在历史进程中踏出的每一步，包括科技、文化等在内的所有创造成果，全部是教育之树上的累累硕果。黄荣怀等认为，人类从原始社会步入农耕时代，从农耕时代进入工业时代，再由工业时代迈入信息时代，在一次次时代的更迭之中，生产力的发展起到了巨大的推动作用。而为了适应生产力的发展而发展的人类教育活动，也在其学习内容、学习方式和学习环境等方面发生了巨大的变迁，如表 1-1 所示。

表 1-1　人类文明进程中的教育形态变迁

文明进程	教育形态				
	学习目的	学习媒体	学习内容	学习方式	学习环境
原始社会	顺应环境 力求生产	语言	生产技能 部落习俗	模仿 试错、体验	野外 时间不固定
农耕时代	改造环境 生产生活	文字	农耕知识 道德规范	阅读、吟诵 领悟	家庭、书院 固定时段
工业时代	习得技能 发展职业	印刷媒体	制造技能、科学知识、人文素养	听讲记忆、答疑解惑 掌握学习、标准化	学校、工作场所 确定性时间和教学周期
信息时代	个人终身的学习和发展	电子媒体	信息素养、自主发展 社会参与	混合学习、合作探究 联通学习、差异化	学校、网络空间 弹性时间

在人类社会产生之前，地球上就存在着许多自然信息，在原始社会，人类在劳动过程中利用感觉器官接收各种自然信息，并逐渐与之相适应。但是早期人类处理信息的器官（大脑）并不发达，因此处理与传递信息的方式相对简单。随着生理需求的增长和活动范围的扩大，人类迫切需要进行信息交换，因此语言逐渐产生。而人类社会史上发生的第一次信息革命就是以语言的产生和数字的形成为标志的，它为人类将自然信息转化为文字信息奠定了基础，同时也为人类教育的产生创造了条件。语言是原始人类进行社会交往的重要工具，原始人类在"音节分明的语言的发展"中，开始系统有序地向后代传授生活与生产的经验，从而使原始人类得以逐渐摆脱被动的生存局面。因此，原始社会的教育活动是与社会生产劳动紧密相连的，教育内容为制造生产工具的方法和使用技巧，捕鱼、狩猎、采集，以及原始手工艺的经验。由于教育还没有完全从人类的生产与生活活动中独立出来，大多数教育活动都是面向个别群体且分散进行的，教育活动也是随着生活生产需求，随时随地展开的。原始社会的教育既

17

没有专门的教育机构，也没有专门的师资和教材，教育的方法主要取决于家庭单位中长辈所传授的规矩和行为。这种教育方式具有较大的局限性，不仅只能在小范围内开展，而且也很容易因为个体的死亡而从此失传。

（一）基于文字的学习方式及其特征

随着私有财产的产生，阶级分化现象也无法避免地出现了，人类原始社会逐渐受到冲击并走向解体，最终向奴隶社会过渡。在这一时期，人类处理信息的水平较之前有了显著的提高，以文字、数学（包括算数、代数、几何等与数学相关的发明）等形式不断推动着人类文化信息的积累与存储。在文字出现后，出现了专门从事教育的组织机构——学校，并催生了教育职业。学校和专职教师的产生使人类的文化教育和学习活动得到了更进一步的发展。学校最早产生于东方的埃及、巴比伦、亚述、印度、希伯来、中国等文明古国。在当时的社会，教育的目的是培养统治阶级人才。此时，文字的出现使得人类能够将信息整理为系统的文化知识，因而在教育内容上，除了系统的生产经验和生产技能外，各种政治经典、文化著作、宗教、礼仪等也相继出现，教育内容呈现出不同的特点。由于学校和教师的出现，逐渐形成"相对完整的教育体系"，由原始社会自发的、偶然的、零散的教育方式，演变为有目的、集中的、定时的个性化教育，学生主要在书院通过阅读、吟诵和领悟等方式学习农耕知识和道德规范，人类的学习开始受到政治仕途和社会期望等因素的影响。

（二）基于印刷媒体的学习方式及其特征

第三次教育革命是由造纸和印刷术的发明而引发的。文字的出现虽然在很大的程度上推进了人类学习方式的变革，但是手抄书籍传递信息的方式既费时费力，又易产生错漏，反而会阻碍文化的发展，给文化的传播带来不应有的损失，因此仅仅依靠手写的方式远远无法实现文化与教育的推广与普及。印刷术的产生加快了信息的传播速度，实现了文化和教育的广泛普及。印刷本的大量生产，使书籍留存的机会增加，版本统一，减少手抄本因有限的收藏而遭受永久失传的可能性。一方面，人类的识字效率得到了显著的提升；另一方面，人类对于书籍的需求量不断扩大，信息真正成为社会的构成要素，无论在信息的加工、积累还是传递上，都产生了一次质的飞跃。这一次飞跃，不仅成为人类学习方式发展的第二大里程碑，更加速摧毁封建的、经院式的教育制度，为建立近代科学的教育制度搭建起桥梁。这一时期教育的一个重要特征就是重视人的培养，重视训练人对于各种信息处理和吸收的能力。私塾式的口授、背默的教学模式开始动摇，继而代之的是以班级集体教学为主的学校教育。

（三）基于电子传播媒体的学习方式及其特征

如果说印刷媒体已经实现了文本信息大量的生产与高效的复制，那么电子媒体最重要的贡献之一就是实现了即时性的远距离信息传递与输送。现代教育是伴随着人类社会的发展而孕育的。18 世纪中后期，西欧和北美各发达资本主义国家先后完成了工业革命，涌现了大量的自然科学研究成果，新型技术不断产生，而电子传播媒体即是其中的重要部分。通信技术（有线电话、电报、无线电通信、电视）的进一步发展，成为社会经济、政治、文化、教育等各个行业的有力工具。因此，电子通信技术也被视为"第四次信息革命"的标志。20世纪 40 年代被视为人类历史上的划时代时期，以信息的定量化和信息论、控制论、系统论的产生为标志，掀起了以电子计算机在现代生产中的应用为代表的人类社会的第五次信息革命。在这一时期，各国纷纷推行相应的教育改革政策：延长义务教育年限；大力发展高等教育；加强教育信息化和教育现代化等。

第三节　信息时代的学习方式

21 世纪以来，多媒体技术和网络技术快速发展与成熟，已经能够代替人类完成大量繁复的任务，整个社会正处于信息时代由早期向中期过渡的阶段，工业社会末期所提倡的记忆、操练、标准化等传统的学习方式已经无法适应信息社会发展的需要，随之而来的是与信息时代相适应的新的学习方式不断涌现，比如多媒体学习、数字化学习、在线学习等。因此，信息时代的人才培养目标和学习内容更加强调学生的信息能力、自主发展能力和社会参与积极性，在学习方式上提倡混合学习、协同研究和互动学习，学习空间维度也从学校的物理空间拓展到互联网空间。随着学习者接触网络媒体的增加，他们的学习行为由被动变为主动，不论是基于资源的自主学习，还是基于互动的协作学习，多媒体对学习者的支持比其他媒介都更为有效。

一、多媒体学习方式的内涵

在现代信息技术背景下，教育教学的重点和学习者学习方式的转变，应着眼于突破传统的教育方式和教育理念。北京师范大学李芒教授认为，信息化学习方法是指学生在某种现代信息意识的引导下，在执行教育任务的过程中，利用信息技术进行有效学习的行为和认知取向，教育信息化的目标是实现教育主体的发展。该定义十分明晰地指出信息技术要以有效学习和有效认知为取向，因此信息化学习方式必须关注学习者深度学习的诉求，这是信息化学习可持续发展的长远方向和根本价值所在。美国多媒体学习专家理查德·E.迈耶认为，多媒体学习可以被更精确地称为双编码或双通道学习。它是以信息获取途径为依据来区分传统学习方式和多媒体学习方式的。实际上多媒体学习涵盖的内容更广一些，因为它既包括文本、图片、语音、图形等静态材料，还包括视频、动画、游戏等动态材料。所以，多媒体学习是指通过多媒体学习材料的呈现所进行的各类学习活动的总称。它既包括基于书本（印刷媒体）的学习，也包括通过电子媒体的学习。当然，它不同于数字化学习，它与学习过程或学习方式的关系并不紧密，因为数字化只是一种信息的表达方式（比如模拟方式或数字方式）。而与学习过程或学习方式紧密相关的是教学信息的呈现方式，教学信息的不同呈现方式需要不同的信息提取方式和加工通道，从而形成不同的学习方式。

美国教育部教育技术办公室发布的文件《改变美国教育：技术使学习更强大——（2020 国家教育技术规划）》（Transforming American Education: Learning Powered by Technology—National Education Technology Plan 2020）中强调，信息技术已然成为人们工作和生活中不可或缺的重要组成部分，充分利用信息技术为学生营造更具吸引力、更为强大的学习体验，提供更为丰富、更具个性化的学习内容与资源，构建更为真实、更富有可持续性和综合性的学习评估，已经迫在眉睫。

二、多媒体学习方式的基本特征

人类探索世界的过程，是一个从理论探讨到技术改造应用的过程。学习能力是人类最重要的能力，也是人类社会发展的核心动力。人的发展是一个知识不断丰富的过程，同时也是知识体系不断综合化的过程。长期以来，人类知识增长的主要手段是接收信息且不断分化。而科学技术的革新，犹如为社会的动力系统注入了强化剂，推动着人类学习方式和教育模式向新的纪元迈进。在这种情况下，学校教育如何应对挑战，适应变化，培养面向未来的人才？这个问题可以从很多视角切入并展开探讨，但这里主要聚焦于多媒体学习方式的基本特征，以期为教育研究人员提供一个思考的方向。

（一）各类信息化工具成为学习者深度学习的认知工具

在传统的教学活动中，信息化工具往往只是起到辅助教学的作用，其功能从本质上来说就是教师功能的部分替代，体现的是一种"Learn from IT"（从技术中学习）的思想。而在信息时代，信息化工具能够让学习者建构自我对知识的理解，转变"Learn from IT"的思想为"Learn with IT"（借助技术学习）。人类不再局限于传统的学习方式来进行学习，而是在阅读方式、写作方式及计算方式三大教育基石中慢慢发生着变化。

1. 阅读工具及阅读方式的转变

一是从文本阅读走向超文本阅读。例如，随着"电子书"的出现，知识之间的联系不再是线性的，而是像蜘蛛编织的网一样，以网状知识结构文本打破传统文本单一的线性结构，使人类的阅读变得更广阔、更高效。

二是从单纯的纸质印刷读物发展到多媒体电子读物。传统的阅读很大部分都是密密麻麻的文字，而在电子读物中阅读的对象从抽象的文字扩展为声音、图像、动画等多种媒体，从而让读者觉得阅读不再是枯燥乏味的，大大提高读者的阅读效率及兴趣，还可以通过与数据资料库的对接进行高效的检索式阅读。

2. 写作工具及写作方式的转变

一是从手写迈入键盘输入、扫描输入、语音输入的时代。计算机文字处理系统的出现及日益完善，使人类的写作效率得到大大的提高，而且不再依靠纸质，使得文字的保存更久远，且更能节省资源。

二是图文并行、声形并茂的多媒体写作方式。传统的写作方式主要以文字为主，很少看到形象的图片及符号，生动的声音及动画。然而在信息时代的今天，图片、符号、声音及动画等的使用及出现越来越频繁，成为写作的重要因素。

三是超文本结构的构思与写作。传统的文章写作因为纸质的要求大体都是一个版式，而电子文本的写作，因为没有纸质的要求，所以它的文本结构的构思与写作没有统一限定，可以变化多端。

3. 计算工具及计算方式的转变

在计算机科学技术持续发展的进程中，计算工具及计算方式的转变对于人类学习方式的影响是不容忽视的，借助各类信息技术的高效运算已成为当代最基本的计算能力。文字的数字化使读、写、算融为一体，全新的多媒体教育模式，可以以高效迅捷的形式向人们展示复杂的知识概念和数学模型，以直观的方式使学习者将对于知识的概念化理解转变为切身性感受。基于计算机的多媒体教学可以减少人们对学习的排斥，增加他们的学习兴趣，获得更高的接受度与感知度。

（二）多媒体学习方式侧重于启迪学习者的智慧

2018 年 4 月，教育部印发的《教育信息化行动计划 2.0》中提出，到 2022 年基本实现"三全两高一大"的发展目标，即教学应用覆盖全体教师、学习应用覆盖全体适龄学生、数字校园建设覆盖全体学校，信息化应用水平和师生信息素养普遍提高，建成"互联网＋教育"大平台，推动从教育专用资源向教育大资源转变、从提升师生信息技术应用能力向全面提升其信息素养转变、从融合应用向创新发展转变，努力构建"互联网＋"条件下的人才培养新模式、发展基于互联网的教育服务新模式、探索信息时代教育治理新模式。由此可见，在信息化时代，从融合应用迈向融合创新的智慧教育，是改变传统学习方式的有效路径。

在人类可以学习的知识内容范畴中，大致可以进行五个类型的划分，即数据、信息、知识、理解和智慧。在信息化时代，获取信息已然不是什么大的难题，而获得智慧却无法一蹴而就。李克东（2006）教授在《让技术应用回归教育的本质》中提出："信息技术在教育教学中的应用不能成为新技术的追逐者和展示场，也不能只停留在对知识的低层次理解和记忆上。信息技术教育教学应用必立足于培养人的生存和发展能力的高度。"他在以"坚持融合创新，转变教学方式：智慧教育实施策略"为主题的讲座中提出应从以下四个方面促进教学方式的转变：一是支持学习者进行自主学习、自适应学习、自我反思、自我管理、自我评价，促使学习者逐步形成一种能认识自我、发现自我、提升自我的综合能力，摆脱单纯依赖教师对知识的讲授。二是提升学习者的信息素养，包括信息获取能力、信息处理能力、信息应用能力，形成以学习者为中心的学习过程和学习能力。三是促进学习者创新思维能力的提升，使学习者能更有广度、更有深度地观察、思考世界，对理论和技术的学习产生浓厚的兴趣，学会发现、捕捉理论及技术问题，敢于提出问题，质疑和挑战权威。四是促进学习者学会运用学习资源，进行知识归纳、演绎、推理，提升学习者的自我管理能力。

（三）多媒体学习方式关注学生创新能力的培养

多媒体学习的优势是通过将图片与文字相结合，能够培养学生的深度学习。首先，多媒体教学信息的设计方式可以与人们的学习方式相一致，因此可以作为人类学习的辅助工具。其次，越来越多的研究表明，学生从精心设计的多媒体演示中比从传统的口头信息中学习得更深入。简而言之，教师可以利用多媒体视觉和语言表达形式的力量来开阔学生的思维，促进学生的理解。当学生根据呈现给他们的文字和图片（例如，印刷文本和插图或叙述和动画）构建心理表征时，就会发生多媒体学习。利用白板等多媒体软件进行师生互动，将问题情境与现实生活联系起来，让学生参与其中，积极主动地思考、提问、交流，发现学科知识背后的规律，实现思维意识的创新。

随着信息技术的普及，人类的学习方式一次又一次地发生变化。我们要不断适应瞬息万变的数字化学习生活环境，在多媒体环境中理解和体验新的学习模式、学习方法，促进教育事业的发展。智能化、微型化多媒体教学工具将创造更具个性化的教学环境。每一位学习者都必须学会不断向网络化、虚拟化、国际化和个性化发展，同时还必须学会整合知识经验，辨析虚拟世界丰富的信息文本，促进和提高自身学习的自主性、协作性和创造力。正如彼得·森奇（Peter Senge）所说：展望未来，您拥有的唯一可持续竞争优势就是能够比竞争对手更快地学习。要想学得比别人快，就必须掌握信息时代新的学习方法，不断学习，提高自己，并走向终身学习。

第二章

多媒体的特征与本质

◎ **本章内容概述**

多媒体具有的多种形式的呈现方式和强大的情境性、感染力为其教育教学应用奠定了基础，它已经成为信息时代的主要教学媒体，将推动划时代的学习方式变革。本章主要讨论多媒体的内涵与分类、多媒体的基本特征、教育教学中的技术观、多媒体的本质与发展规律、多媒体的教学功能、多媒体在教学中的地位与作用，以及多媒体的传播力等问题，为多媒体学习原理的搭建寻找理论依据和技术支持。

信息时代的学习材料已经逐步由印刷材料向多媒体材料转变，由此推动教与学的方式也向多媒体学习或数字化学习迈进，学习的数字化革命正式开启。

第一节　多媒体的内涵与分类

在讨论多媒体的内涵与分类之前，我们首先要认识清楚媒体和教学媒体，为深入认识和理解多媒体奠定基础。

一、媒体与教学媒体

（一）媒体

人类在发展的过程中一刻也离不开传播，而传播需要媒体，比如早期的形体语言媒体、口语媒体等。所以，传播学对媒体进行了大量、多角度的研究，总的来说，传播学认为媒体（media）是承载信息的物体或介质；是联结传播者和受众的中介物；是人们用来传递和获取信息的工具。一般来说，媒体是指报纸、电影、电视、教材、期刊和网站、数据库等。在计算机领域，媒体主要是传输和存储信息的载体，传输的信息包括语言文字、数据、视频、音频等；存储的载体包括硬盘、软盘、磁带、磁盘、光盘等。我们认为，媒体就是指承载和传输某种信息的载体。从这样的角度来讲，我们生活中的许多事物都是媒体，因为它们上面或多或少都承载了某种信息。

（二）教学媒体

人类知识、经验的传承和保存离不开教育教学活动，教育过程中也大量使用各种各样的媒体，如果这些媒体上承载的是一般意义上的信息，那么，它就是广义的媒体。但如果媒体上承载的不是通常意义上的信息，而是教育教学信息，那么这时候的媒体实际上就是教学媒体。教学媒体属于媒体的概念范畴，当媒体上承载、加工和传递的信息是教育信息时，并且这一媒体被用来进行教学，有明确的教学目的时，作为承载教育信息的媒体，就是教学媒体。李运林教授认为，教学媒体是教学内容的载体，是教学内容的表现形式，是师生之间传递信息的工具，如实物、口头语言、图表、图像及动画等。教学媒体往往要通过一定的物质手段来实现，如书本、板书、投影仪、录像及计算机等。

（三）教学媒体的分类

为了全面认识和理解教学媒体的本质和特征，我们可以从不同的视角来认识教学媒体，比如历史的角度、传播的角度、通道的角度和作用范围的角度等等。所以，对于教学媒体的分类有助于我们进一步认识教学媒体。教学媒体的分类可以按不同的分类依据来进行，主要有以下几种分类方式。

1. 按媒体发展的先后分类

按媒体发展的先后分类，可以分为传统教学媒体和现代教学媒体两大类。

传统教学媒体，是指在传统教学过程中使用的各种教学媒体，比如教材、报纸、期刊甚至黑板等。

现代教学媒体，是指自电能和电子器件出现以后，以投影、电影直至当代的互联网等为代表的媒体。

2. 按是否通过印刷来分类

按是否通过印刷来分类，可以分为印刷媒体和非印刷媒体两类。

印刷媒体，是指通过印刷而形成的承载教学信息的媒体，典型的印刷媒体有教科书、报纸、期刊等。

非印刷媒体，是指不需要印刷而形成的教学媒体，如电视、电脑、智能手机等。

3. 按使用媒体的感觉器官分类

按使用媒体的感觉器官分类，可以分为听觉媒体、视觉媒体、视听媒体和交互多媒体等四类。

听觉媒体，是指人们通过听觉来获取其上面的教学信息的教学媒体，比如早期的口头语言、电唱机、录音机、无线电广播等。

视觉媒体，是指人们通过视觉来获取所承载教学信息的教学媒体，比如 20 世纪的无声电影、大屏幕投影、教材、期刊、图片、黑板、挂图、标本等。

视听媒体，是指随着信息技术的发展，把听觉媒体与视觉媒体结合在一起的媒体。这种媒体上既有声音信息，也有视觉信息。

交互多媒体，是一种新型媒体。进入 21 世纪后，人机交互已经成为一种重要的获取信息的手段，所以就出现了既承载声音信息、视觉信息，同时还可以与人进行交互，即使用多种感官且具有人机交互作用的媒体，这种媒体就是交互多媒体，如多媒体计算机。

4. 按媒体的物理性质分类

按媒体的物理性质分类，可以分为光学投影教学媒体、电声教学媒体、电视教学媒体和计算机教学媒体等四类。

光学投影教学媒体，包括幻灯机和幻灯片、投影机和投影片、电影和电影片等。这类媒体主要通过光学投影，把小的透明或不透明的图片、标本、实物投射到银幕上，呈现所需的教学信息，包括静止图像和活动图像。

电声教学媒体，包括有电唱机、扩音机、收音机、语言实验室，以及唱片、磁带等。它将教学信息以声音的形式储存和播放传送。

电视教学媒体，主要有电视机、录放像机、影碟机、录像带、视盘、学校闭路电视系统和微格教学训练系统等。它的主要特点是储存与传送活动的图像和声音信息。

计算机教学媒体，包括多媒体计算机、多媒体教学软件、多媒体网络教室、多媒体语言教学室等。它能在各种教学活动中实现文字、图表、图像、视频和动画等教学信息的传送，储存与加工处理，与学习者相互作用，开展有效的教学活动，可以实现基于网络的远距离教学，并且可以开展基于网络的协作学习、研究性学习等教学活动。

5. 按传播过程中信息流动的方向分类

按传播过程中信息流动的方向分类，可以分为单向传播媒体和双向传播媒体。

单向传播媒体，如口授、广播、电影、电视、书刊等，信息都是由教师流向学生，没有相互性。

双向传播媒体，如讨论、角色扮演、语言实验室、程序教学机、计算机辅助教学系统等，借助它们信息可以在"教"与"学"之间相互传递。

6. 按使用方式分类

按使用方式分类，可以分为教学辅助媒体和自助学习媒体。

教学辅助媒体，是指在课堂教学过程中使用的各种教学媒体，比如黑板、教材、投影、多媒体教学软件等。

自助学习媒体，是指主要用于学生自主学习使用的各种教学媒体，比如智能手机、智能移动终端、自主学习软件包等。

7. 按信息传播的方向分类

按信息传播的方向分类，可以分为单向传播媒体和双向传播媒体。

单向传播媒体上承载着各种教学信息，它把教学信息从信源传送到学习者面前，这个传送过程是单向的，没有反馈和交互，例如电影、电视教学节目，无线电广播等。

双向传播媒体上承载的教学信息，可以从信源传递到学习者面前，同时，学习者也可以把他们的相关信息实时地传递到教师面前，并且可以实现交互，例如多媒体智能教学系统、在线教学系统、直播教学节目等。

二、多媒体与多媒体技术

多媒体在我们的生活中已经司空见惯，其应用领域已涉及广告、艺术、教育、娱乐、工程、医药、商业及科学研究等各行各业，成为我们生活中不可缺少的事物。商家可以利用多媒体将广告变成有声、有画的互动形式，可以吸引更多的商品用户。利用多媒体可以把教学内容制作成多媒体 PPT 在教学过程中使用，以增强互动性，吸引学生注意力，提高其学习兴趣。多媒体还可以应用于数字图书馆、数字博物馆和医疗等领域。

（一）什么是多媒体

在《现代汉语词典》中，多媒体是指可用计算机处理的多种信息载体的统称，包括文本、声音、图形、动画、图像、视频等。多媒体的英文单词是 multimedia，它由 media 和 multi- 两部分组成。一般理解为两种（声音和图像）或多种媒体的综合，也包括印刷媒体、传统媒体等。迈耶（Mayer）认为，多媒体是用多种媒介呈现词（如打印文本或口头文本）与图（如插图、照片、动画或录像）。不同的学者对多媒体内涵的表达不尽相同。

所谓多媒体，有广义和狭义之分，广义的多媒体是指承载和传递教学内容的一切介质，包括教师、黑板、教科书、教具和模型等传统教学媒体，同时也包括幻灯、电影、广播、教育电视、计算机、网络等现代教学媒体，即一切可承载和传递教学信息的人、物和技术都属于多媒体。狭义的多媒体是指可承载和传递教学信息的现代电子媒介和技术，主要包括幻灯、电影、广播、教育电视、计算机、网络和虚拟现实技术等，即现代教学媒体。本书所说的多媒体主要是指狭义概念上的教学媒体。

（二）多媒体的特点

还有一种观点认为，多媒体是融合两种以上媒体的人—机交互式的信息交流和传播媒体，为了更深入地理解和研究多媒体的概念与内涵，往往要对多媒体进行多层次、多角度的研究和探讨。从交互与集成的角度来看，多媒体主要具有以下特点。

1. 承载信息的多样性

相对于印刷媒体而言，多媒体上承载的信息有文字、图像、视频、动画等，呈现出多样性。

2. 交互性

多媒体的交互性是指学习者可以与多媒体或多媒体上的信息进行多种形式的交互。传统媒体上的信息只能从一端流向另一端，是单向地、被动地传播信息，而多媒体则可以实现人对信息的主动选择、交互和控制，从而为学习者提供更加有效的观察、理解和使用信息的方法与手段。

3. 集成性

多媒体可以对其承载的各种信息进行传输、存储、组织、发布和合成等集成性处理，这时的多媒体既是一个多种信息的载体，同时也是一个对多种信息进行综合处理的媒体中心。

4. 数字化

与传统媒体不同，多媒体上承载的信息都是以数字化形式存在的，而传统媒体（比如教科书、黑板等）上呈现的信息往往是模拟信息，多种信息的数字化表达和呈现给它的交互、处理、传输和存储等带来了翻天覆地的变化，也给人们的便捷使用创造了条件。

5. 非线性

以往人们的读写方式大都采用章、节、页的框架，循序渐进地、线性地获取知识，难于跳转。而多媒体则借助于超文本、超链接技术，可以把内容的编排、组织以一种更灵活的方式呈现给学习者，可以在同一页面中跳转、返回，也可以实现跨页面的跳转。多媒体的非线性特点改变了人们传统的、循序渐进式的读写模式，创造了一种全新的多媒体阅读模式。

6. 实时性

多媒体可以实现声音、动态图像（视频）的实时传播、交互和控制，大大地扩展了媒体的功能，延伸了人体感官感知信息的功能，增强了人类与社会、环境进行交互的能力，由此催生了自媒体的产生发展。

（三）多媒体技术

为了更准确地理解多媒体技术，我们从多媒体技术的内涵和多媒体技术中的几个关键技术这两个方面进行分析与阐述。

1. 什么是多媒体技术

多媒体技术（multimedia technology）是一种迅速发展的综合性电子信息技术，给传统的计算机系统、音频和视频设备带来了革命性的变革，将对大众传媒、教育领域产生深远的影响。它是指通过计算机对文字、数据、图形、图像、动画、声音等多种媒体信息进行综合处理和管理，使用户可以通过多种感官与计算机进行实时信息交互的技术，又称为计算机多媒体技术。也有学者认为多媒体技术是利用计算机对文本、图形、图像、声音、动画、视频等多种信息综合处理、建立逻辑关系和人机交互作用的技术。陈卫金则认为多媒体技术是利用计算机把文字材料、影像资料、音频及视频等媒体信息数位化，并将其整合到交互式界面上，使计算机具有了交互展示不同媒体形态的能力。

由此可见，多媒体与多媒体技术是一对联系紧密的同胞兄弟，有许多相同之处，多媒体技术是多媒体的各种功能实现的基础。但二者又是不同的，多媒体侧重自身所承载的多种信息，而多媒体技术关注的则是多媒体承载信息的变换处理、交互形式的实现。

2. 多媒体技术中的几个关键技术

多媒体技术是一个集合概念，综合了视频技术、数据库技术、虚拟现实技术、流媒体技术等而形成的，内容十分丰富。

（1）视频点播技术

视频点播技术是将通信、计算机和电视三者完美结合的技术，一方面改变了传统单一的电视传播与娱乐方式，实现了随意选择、播放、观看电视节目的功能；另一方面也进入了学校的课堂，实现了课堂的翻转，数字化教学资源的实时、恰当应用，使课堂教学变得生动有趣，教学模式灵活多样，极大地突破了传统教学的一些局限。

（2）视频压缩技术

视频是由连续的帧序列构成的，一帧即一幅图像。由于人眼的视觉暂留效应，当帧序列以一定的速率播放时，我们看到的就是动作连续的视频。由于连续的帧之间相似度极高，为便于储存与传输，我们需要对原始的视频进行编码压缩，以去除空间、时间维度的冗余。视频压缩技术就是将数据中的冗余信息去掉（去除数据之间的相关性），视频压缩技术包含帧内图像数据压缩技术、帧间图像数据压缩技术和熵编码压缩技术。

在多媒体信息中，视频信息在存储、传输中的突出问题是信息的数据量特别多，占用的存储空间大，容易在传输时出现拥堵，所以，需要对视频信息进行压缩，通过压缩可以把信息数据量压下来，以压缩数据的形式存储、传输视频信息，既节约了存储空间，又提高了传输效率，也可以使计算机实时处理音频、视频信息，保证了播放的视频是高质量的节目。而压缩编码是视频压缩技术的核心部分，图像编码方法可分为两代：第一代是基于数据统计，去掉的是数据冗余，称为低层压缩编码方法；第二代是基于内容，去掉的是内容冗余，其中基于对象（object-based）方法称为中层压缩编码方法，基于语义（syntax-based）方法称为高层压缩编码方法。

（3）数据库技术

多媒体信息在数据的存储和处理方面，由于面向的存储对象比较复杂，既有文本图形类，也有图像动画类，呈现类型多、分散、不集中等特点，因此，需要建立良好的基础数据模型来对多媒体信息进行多态式描述和动态式管理。有效地将数据库技术和程序设计语言进行融合，是当前多媒体关键性技术中的一个主要研究方向。

（4）虚拟现实技术

虚拟现实技术涉及很多复杂的学科，也可以将它理解为将传感技术、网络技术、人工智能甚至是计算机图形学进行融合的一种集成性技术，并通过计算机来展现出形象逼真的三维立体效果画面。这一技术的研发成功，让信息技术的成像实现更多的可能性。虚拟现实技术已经在许多领域得到广泛应用，出现了常态化使用的趋势，在教育领域也得到了越来越多的应用。

（5）流媒体技术

流媒体技术将视频、动画和声乐等通过服务器实现流式的传输，这种新型的在线观看方式，可以让学习者在文件下载的过程中进行观看，这不仅有效地节省了移动终端客户的存储空间，更极大地提升了传输效率。这种可视化和交互性的新型计算机多媒体技术，给人们的学习和生活带来了极大的便利。

第二节　多媒体的特征

前面比较详细地分析了多媒体的概念、内涵和分类，为理解和研究多媒体的基本特征创造了条件。不同的学者由于学科背景或研究的侧重点不同，总结提炼出多媒体的特性也不尽相同，我们主要从多媒体的个别特性和基本特征两方面进行阐述。

一、多媒体的个别特性

多媒体有许多不同的种类，而不同种类的多媒体表现出各不相同的特性，这就是多媒体的个别特性。这些个别特性与多媒体的个体相关，主要从表现力、重现力、接触面、参与性、受控性和实时性等方面考察多媒体个别特性的强弱。

1.表现力

表现力，主要指多媒体在表现事物的空间、时间和运动特征方面的能力。比如照片在表现时间和运动特性方面，就没有视频、动画的表现力强。

2. 重现力

重现力，指多媒体不受时间、空间限制，把储存在媒体上的信息内容重新再现的能力。比如广播节目一播放结束就不能再听到，而对录音教材、电视教材，我们就可以在想听的时间、方便的地点通过重新播放来获取媒体上的教学内容信息。

3. 接触面

接触面，指多媒体把它承载的信息同时传递到学生（或受众）范围的大小。比如广播电视教学节目，一经播放，从理论上讲，只要能接收到电视信号地方的学生，都可以通过观看电视节目来学习教学内容。而录音节目在重新播放时，能够听到节目内容的学生数非常有限，即电视教学节目的接触面比录音节目要大得多。

4. 参与性

参与性，是指多媒体在教学中发挥作用时，学生通过多媒体参与教学活动的机会，也就是交互性。有的媒体只能播放，比如教师上课时播放的 PPT，学生不能参与或互动，但有的媒体在整个学习过程中学生都可以和它互动，比如 MOOC（大型开放式网络课程）中的视频，学生可以反复播放，MOOC 中的内容也可以实现各种跳转等。所以，不同的多媒体其参与性是不同的。

5. 受控性

受控性，指多媒体在使用的过程中，能够让使用者自由操纵、控制的方便程度，以及获取其承载信息的难易程度。比如印刷在教材上的信息我们要使用时，只能把它抄写下来，但如果是数字化教材上的内容，我们可以进行复制、粘贴、剪切等操作，使学习过程中信息的再利用更加方便。

6. 实时性

实时性，是指多媒体上承载的信息能否及时、有效地传递出去。一册印刷好的教科书或期刊，需要许多环节才能够到达学习者手里，从信息的确定、发布到学习者获取有比较长的时间延迟，但如果这些信息是通过 MOOC 等在线媒体发布、传递的话，信息从发布到获取可以说是实时的，几乎没有时间的延迟。多媒体的实时性为教学效率的提高创造了条件。

随着多媒体的不断发展，也有学者从自主性、个性化、交互性、共享性、实时性、虚拟性、工具性、传播性、表现性等方面来探讨多媒体的新特性，以适应信息技术发展给多媒体特性带来的变化。

二、多媒体的基本特征

不同类型的多媒体，是由众多其他媒体构成的，虽然各种多媒体之间有差异，但同类型多媒体之间也具有一些相同的基本特征，当然，不同类型多媒体之间的基本特征有比较大的差异。在此，我们主要探讨听觉媒体、视觉媒体、视听媒体、交互媒体、综合媒体等不同类型多媒体之间所具有的、共同的基本特征，为深入认识多媒体的本质奠定基础。

（一）听觉媒体的基本特征

听觉媒体是指它所承载的教育教学信息主要通过人们的听觉来获取，听觉媒体中典型的代表就是录音和广播。听觉媒体具有可扩大教育规模，信息传播快速，声音信息人性化，与人亲近，使用成本低等特点，即使没有阅读能力的人也可通过收听广播教育节目来提高教育水平。所以，听觉媒体的使用对象非常广泛，是一种最基本、常用的多媒体。但同时听觉媒体在呈现知识内容时，是以线性的形式表达的，不利于知识信息的准确、快速传递；而且只能传递声音类信息，缺乏事物的形象，从而影响其教育教学功能的发挥。

（二）视觉媒体的基本特征

视觉媒体上的信息主要通过视觉来获取，从目前来看有两大类视觉媒体：一类是印刷媒体（如教科书、期刊），使用方便，可以大量复制，制作和使用成本低廉，善于表达抽象和逻辑性比较强的内容。但视觉媒体对使用对象有较高的要求，要有比较强的阅读能力和理解能力。另一类是电子视觉媒体（如幻灯、大屏幕投影），可以实现静态放大事物的图像，让学生慢慢地观察细节。但由于视觉媒体是静态呈现事物信息的，因此，它不适宜表现事物发展变化的

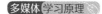

过程，也不能有效地传递听觉类的信息。

（三）视听媒体的基本特征

视听媒体是视觉媒体与听觉媒体的综合，主要代表有电视、录像、视频、动画等。它既承载视觉信息，同时也承载听觉信息，大大拓展了媒体传递信息的能力。视听媒体上的活动图像形象生动，善于表达事物变化的过程；还可以通过图像画面的编辑实现时空变换，进而实现重构现实。通过变换时空和重构现实可以抓住事物变化过程的关键环节，帮助学习者认识事物变化过程和规律，以提高其学习的效果和效率。但视听媒体表达抽象的、逻辑性强的知识内容时，表达力尚显不足；对使用视听媒体进行阅读、学习的对象来讲要求比较高，比如使用者要有较高的知识水平和信息素养；由于视听媒体结构比较复杂，需要有相应的教学软件等，因此，使用成本比较高，并且不太方便。

（四）交互媒体的基本特征

交互媒体侧重的是人机的交互性，它在视听媒体的基础上，增加了人机对话、人机交互功能，比如交互性的多媒体教材、专家型教学软件等。交互媒体最大的特点就是交互性，通过交互功能，使学习与老师、多媒体或信息内容实现多种形式的交互与交流，以提高学习效果。而交互媒体也有它的不足和缺陷，比如交互媒体或教材编制难度大，成本高，阅读不方便。

（五）综合媒体的基本特征

综合媒体就是听觉、视觉、视听和交互媒体的综合，可以实现众多的教学功能，比如多媒体、电子书包、数字资源网等。它的最大特征就是综合、功能强大、速度快等。尽管如此，多媒体也不是万能的，不能包打天下，它对情感类、态度类和策略类的教学内容仍然不能实现有效的表达。

第三节　教育教学中的技术观

对于多媒体的本质需要从多学科、多角度全面地认识，在教育教学中你持有什么样的技术观，将决定你如何认识多媒体的本质，并进而选择什么样的使用方法，所以，探讨教育教学中的技术观是重要的，也是必要的。当前多媒体在教育教学中的应用，主要表现为信息技术与课程如何进行整合，不同整合观的根源在于信息技术与课程整合过程中你持有什么样的技术观。可见，技术观在信息技术与课程整合中是非常重要的。

一、信息技术与课程整合中技术的构成要素

从技术哲学的角度来分析信息技术与课程整合中的技术，其构成可由三大要素组成，即经验形态的技术、实体形态的技术和知识形态的技术。

经验形态的技术是指在信息技术与学科整合的实践中，通过总结和应用得到的经验、技能等主观性的技术要素。所谓经验，是指人们在长期的信息技术与学科整合的实践活动中的体验，是对整合方式、方法的直觉体验的综合。实体形态的技术，是指信息技术与学科整合中的实体性要素，是以教学工具和教学机器为主要标志的客观性技术要素。教师在教学中所使用到的计算机、投影仪等就是典型的实体形态的技术，它是教师把某些教学活动和教学行为交给教学工具去完成的必不可少的技术载体。知识形态的技术，主要是指以技术知识和技术理论为特征的技术要素，它是在信息技术与学科整合过程中发展形成的，是对客观的教学现象和教学问题的规律性认识。它的主要特征是以理论知识为中心，知识形态的技术要素是一种非物质性的、具有抽象性的，甚至是具有方法论意义的技术要素。

在信息技术与学科整合的技术要素中，知识形态的技术是三个要素中最重要的、具有主导性的要素。教师总是要把信息技术与课程整合中获得的经验形态的技术经过研究、整理上升为知识形态的技术层次，以指导自己和他人正确地利用信息技术与课程进行整合。

二、信息技术与课程整合中的技术观

信息技术与课程整合中形成的四种不同的整合观，其根源在于信息技术与课程整合过程中持有的技术观，不同的技术观决定了学者们秉持不同的整合观，可见，技术观在信息技术与课程整合中是非常重要的。当前，信息技术与课程整合中主要存在以下三种不同视角的技术观。

（一）自然科学和工程学视角的技术观

从自然科学和工程学角度来认识技术，可把技术看作人类改造自然的工具和物质手段。持这种观点的人普遍认为，技术能够不断创造出新产品，因而技术发展的前景是无限广阔的，他们将技术视为文化、知识和人类进步的手段，认为技术可以解决人类发展中的一切问题，他们是技术发展的乐观派。持这种技术观的教师，如果要进行信息技术与课程整合，会把信息技术的功能放大很多，认为信息技术能够解决教学中的所有问题，可以大大提高教学效果，给教育带来颠覆性的革命，如前些年出现的"多媒体万能论"就是这种技术观的典型表现。这种观点看到了技术对教育发展具有的推动作用，却片面夸大了这种作用，认为信息技术能够解决教学中的所有问题，是推动教育和社会发展的根本动力。而实际上，信息技术的作用是有限的，它不能解决所有的现代教学问题。信息技术的单路冒进无助于教学问题的解决。人的思想、经验、意志、道德等因素才是决定教学效果的主要因素，没有人的积极性，所有的努力就都是徒劳的。

（二）社会学和生态学视角的技术观

从社会学和生态学角度对技术和"技术社会"进行批判性认识，是对工业技术主导下急剧发展起来的工业文明及其"社会病"的反思与批判，对技术给社会和人类带来的危害充满悲情，是技术的悲观派。持这种观点的人从社会学和生态学角度对教育中的技术进行批判，认为现代技术发展的基本逻辑压制了人性的发展。海德格尔认为，从工具的层面根本无法把握现代技术的本质，这个层面只关注具体的技术内容，而没有看到技术中存在的并活着的东西。如果不能真正触及技术的本质，就不可能真正理解技术与人、与世界的本质关系，也就不可能摆脱单纯工具性的技术观。

这种观点只看到了信息技术给教育带来的负面影响（如学生沉迷网络、网上有许多不良信息等），以至于拒绝在教学中运用信息技术手段（有些中小学严格规定学生不许带手机，学校也只有在网络教室才能上网等），没有看到信息技术给教学方式、教学模式带来的新机遇。在当今信息时代，这种简单拒绝的办法不仅不能解决网络带来的负面问题，而且还影响了网络在教育中的正常应用，阻碍了网络优势的发挥。

（三）文化哲学和哲学人类学视角的技术观

从文化哲学和哲学人类学角度来认识技术，是把技术看作人的本质力量的展示，把技术看作既可以造福人类又能够危害人类的"双刃剑"，既反对盲目乐观又反对一味悲观，主张用辩证唯物主义思想来把握人与技术的内在矛盾和人类征服自然与服从自然的外在矛盾。这种技术观正是马克思关于技术哲学的主要精神，一百多年以来，在飞速发展的现代社会中得到了检验、丰富和发展。这种极其重要的观念和思维方式，应该成为我们研究和驾驭当代信息技术的基本技术哲学立场。

由此看来，马克思所理解的技术本质，除了物质因素，还有精神因素。马克思认为，技术的本质不是某些抽象的物，它体现的是一种关系，一方面体现着人与自然界之间的一种客观的物质、能量和信息的交换过程；另一方面也反映着技术形态中人与人及人与社会的关系。信息技术对教育的作用也要用这种辩证的观点来分析，我们既要看到信息技术在教育中发挥积极作用的一面，大力推广运用信息技术手段，使之为教育教学服务，为教育现代化服务；又要清醒地认识到信息技术如果运用得不好，非但不能提高教育教学效果，可能还会带来其他方面的副作用。

第四节 多媒体的本质与发展规律

对于多媒体本质的认识还需要从历史经验中汲取营养，人们对于多媒体本质的探索经历了许多曲折，后人可以从这些经历与教训中获得知识，并进一步接近多媒体的本质。

一、多媒体发展历史上的历次"预言"

多媒体自 19 世纪末诞生以来，就成为传播教育信息的重要工具。在多媒体发展的过程中，每当有新媒体加入教育领域时都能引起教学人员极大的兴趣和使用热情，而随后不久，它们则被抛弃，因此这使多媒体经历了一次次潮起潮落。自教育电影进入教育领域后，1930 年爱迪生就宣称"书籍将在学校中消失，运用电影可以教授人类知识的任何分支，我们的学校系统将在十年后发生彻底的改变"。但直至今天，爱迪生的预言也没有实现，教学电影在教学实践中发挥的作用也很小，基本的学校体系依然没有改变。

20 世纪 20 年代后期和整个 30 年代，广播、录音、有声电影技术取得了很大的进步，视觉教学运动发展成了视听教学运动。20 世纪 30 年代早期，许多视听爱好者热衷于把无线广播、电影当作改革教学的媒体，一位美国国家教学协会的刊物编辑曾说："明天它们将像书籍一样普及，并且将有力地影响教学。" 20 年后，实践再一次证明，广播、电影的教学影响力仍然很小。

到了 20 世纪 50 年代，教育电视成为影响视听教学运动最重要的因素。在这期间成立了大量的教育电视台，教育广播电视成为一种高效、快捷、廉价的满足大众教学需求的手段。但是到了 60 年代中期，教育电视在教育中的应用浪潮平息了，教育电视中逐渐包含更多的大众类节目。

教育电视应用兴趣消退的同时，新型媒体——计算机又引起了人们的关注，计算机辅助教学出现了。虽然到 20 世纪 70 年代末为止，其教学效果并不明显，但是当 80 年代末微型计算机普及后，还是有人预测"计算机将成为引起教学系统一次广泛深刻的改革的催化剂"。虽然计算机可能最终会对教学实践产生重要的影响，但是直到 90 年代中期甚至今天，这种影响还是很小的。

在中国，多媒体的发展轨迹与上述情况类似，只是有一个较长时间的滞后期。今天，多媒体、网络和其他新的数字技术再次引起人们浓厚的兴趣，有人坚持认为网络学校将取代传统学校，教师职业将会消亡。但是，纵观一个世纪以来整个多媒体的发展历史，我们不难看出：每当一种新技术、新媒体进入教学领域时，人们总是对它抱有极大的热情和极高的期望，可是每种新教学媒体的生命周期（在教学中被人们重视、大量应用、追捧的时间）都不长。同样，它们对教学实践产生的影响也不大，远远不如人们期望得那么高。人们似乎一直在追逐新技术的脚步，但其实际教学效果却总是赶不上媒体技术更新的脚步。

与各种预言相伴随的是多媒体应用中出现的"怪圈"：一种新型教学媒体进入教学领域后，大家对于它的研究和使用热情高涨，从而抛弃自己已经稍有些熟悉的教学媒体；随着科学技术的发展，又有更新的教学媒体进入教学领域，这时人们又抛弃了还未能熟练使用的新媒体，而去追逐这种更新的教学媒体……这样周而复始、循环往复，有些像"猴子掰玉米"。到头来哪一种多媒体都没有能够使用得非常熟练，结果是两手空空，教学效果没有明显提高，这就是我们追逐现代教学媒体的真实写照。究其原因，产生上述预言和"怪圈"的根源在于我们对多媒体的本质认识不清，还没有真正认识和把握多媒体自身的发展规律和应用规律。对于这三个问题的研究和认识有助于我们更好地理解和应用多媒体，更好地应对新技术条件下不断涌现的各种各样的新型教学媒体。

二、多媒体的本质

尽管各类教学媒体有着各种各样的特点与功能，不同的学者对它们也有着不同的理解与看法。但就其本质特征来讲，还是有许多共通的地方。这些内含于各种媒体中的本质特征还需要我们去探索与认识。分析多媒体的本质一定要与多媒体的特点和功能以及使用多媒体的人、当时介入教学过程中的多媒体所组成的媒体环境联系起来，进行综合考察和研究。归纳起来，多媒体主要有以

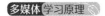

下几方面的本质特征。

（一）不同教学媒体各具优势与缺陷

随着科学技术的发展，出现了各种各样的教学媒体，不同时期出现的教学媒体带给人们的期望与影响也不同。比如幻灯机／幻灯片能给人呈现放大的、细腻的事物图片，它比用教科书、语言呈现事物更具体、更形象，人们可以慢慢地加以详细观察和研究。但它对事物的运动状态及过程不能加以有效表达，它呈现的只是事物之前静止状态下某一瞬间的信息，并不能说明当前的状态；而电视录像善于表现事物运动和变化的过程与状态，但它对于事物细节的表达又不及幻灯和投影。再比如多媒体，它确实比之前的任何一种教学媒体的功能都强大，既可以呈现静态信息，也可以呈现动态过程，还可以呈现动画信息。但它对于师生情感的交流、对学生心灵反应的捕捉和回应却显得无能为力。总之，在现代教学媒体中的任何一种媒体，包括多媒体，都既具有自己的特点与优势，在教学中可以发挥独特的作用，同时也有自身无法克服的弊端与缺陷。我们只有正确地认识多媒体在教学中的优势与局限，才能恰当地运用它来为教学服务。

（二）不同的学科内容需要由不同的媒体来呈现

学科有不同种类，不同类型的学科教学内容其特征和属性相差比较大。中外许多专家对知识分类进行了大量研究。结果表明，学习内容可以划分为不同的类型，比如有划分为陈述性知识、程序性知识和策略性知识；也有划分为认知类学习内容、动作技能和态度类学习内容；加涅则把认知类学习内容分为言语信息、智力技能和认知策略等等。总之，不同类型的学习内容，它们的特性不同，比如文科性的教学内容，多属陈述性知识，知识点与知识点之间的联系相对比较松散，学习时不一定要按某个顺序来进行，可以根据具体情况灵活安排；理科性的教学内容，多属程序性知识，前后知识点之间有比较严密的逻辑关系，学习时要按一定的顺序或程序（知识内容自身固有的）来进行，一般不可跳跃进行。

所以，当我们面对不同的学习内容要进行有效的传授时，就要根据学习内容的特点和教学媒体的特长，选择最能有效表达这些知识内容的教学媒体来进行教学，做到教学媒体和教学内容相协调，这样才可能取得较好的教学效果。

（三）应用多种媒体进行组合教学，可能产生较好的教学效果

一门学科的教学内容或者一节课的教学内容，往往由众多不同类型的学习内容所组成，而不同的学习内容又需要用不同的、恰当的教学媒体来表达。这样，在客观上就要求我们在教学过程中用多种不同类型的媒体来进行组合教学，做到每一个知识点都能在现有条件下用最合适的、经济的教学媒体来进行有效的呈现和表达，取得相对较好的教学效果。所以，在教学实践中往往是采用多种媒体进行组合教学，而不是从头到尾只使用一种教学媒体。

（四）没有万能的教学媒体

从前面我们对教学媒体特点的分析中可以看出，每种教学媒体都有它自身的一些优点，同时也有它难以克服的一些缺陷，即使多媒体、虚拟现实技术、MOOC 或将来出现的功能更强大的某种教学媒体，它们在传播策略性知识、传递情感、塑造学生品格等方面同样也会感到无能为力。总之，在教学过程中没有能够解决所有教学问题的万能的媒体，万能的媒体以前没有，现在没有，将来也不会有。

三、教学媒体的发展规律与应用规律

随着科学技术的发展，教学媒体也由传统的教学媒体逐步发展为现代化的教学媒体，在这个发展过程中表现出了一些规律。为了更直观地总结这些规律，我们可以对教育发展历史中主要教学媒体的产生时间以及教学媒体与教学媒体之间的时间间隔加以比较，如表 2-1 所示。

表 2-1　教学媒体的产生及间隔时间

媒体	进入教学领域的时间	相邻教学媒体出现的间隔时间
语言	至少在 2 万年以前	
教科书	约 15 世纪	至少有 2 万多年
投影、幻灯	19 世纪末	400 多年
教育广播、录音	20 世纪初	30 多年
教育电影	20 世纪 30—40 年代	20～30 年
教学电视	20 世纪 50—60 年代中期	近 20 年
微型计算机	20 世纪 80 年代初	约 20 年
多媒体、超媒体	20 世纪 90 年代初	10 多年
网络技术、虚拟现实技术	20 世纪 90 年代初	几乎同时出现

由表 2-1 可以明显看出，从语言媒体的出现到教科书的出现间隔了至少 2 万多年，从教科书到投影、幻灯有 400 多年，从教育广播到教育电影、教学电视、微型计算机的时间越来越短。而网络技术和虚拟现实技术几乎是同时在教学中被使用，教学媒体在发展过程中明显地表现出新旧教学媒体更替的时间间隔越来越短的规律。在近 100 年的时间里，大量现代化的教学媒体在教学中得到应用，且它们的功能越来越强，技术含量越来越高，使用越来越复杂，对教学方法、教学形式的作用和影响也日益明显。

教学媒体从进入教学领域到普遍有效地应用，并对教学产生重要作用和影响，主要与三个因素有关：教学媒体的结构和使用的复杂程度，教师在技术上和心理上的接受程度，教学媒体在整个教育领域的普及程度。不同的教学媒体其结构和使用的复杂程度是不同的，教科书简单、方便，投影、幻灯的结构和应用软件的制作相对较复杂些、使用比较难一些……而多媒体与网络则更复杂、更困难。所以，教师与学生从刚开始使用某一媒体进行教与学的时候，首先要能够比较熟练地使用该媒体。一般情况是，教学媒体越复杂，达到熟练使用的程度所要花费的时间也越长。教师和学生能熟练地使用教学媒体，在技术上就要求其能接受这种媒体的应用，但要在教与学的过程中达到娴熟应用，还要有一个心理上的接受过程，这个过程所需要的时间可能比从技术上接受这种教学媒体所花费的时间还要长。一种教学媒体要对整个教育教学产生影响与作用，只有个别或少数教师和学生在使用这种教学媒体是不行的，必须是当大部分或全部教师和学生都能熟练地使用该教学媒体来进行教学和学习时，这种教学媒体才可能表现出它潜在的教学功能，才能对教学领域产生重要的影响。而在整个教育中要达到这个要求和水平，其所需要的时间肯定比前两个因素所需要的时间更长。

由此可见，教学媒体在教学中应用时，要能充分地达到它的潜在教学功能，在时间性上是有一个规律的，即每一种媒体都有一个比较固定的使用周期和熟练使用周期，而教学媒体的使用周期和熟练使用周期又与该教学媒体的上述三个要素有关。"使用周期"是指从刚接触这种教学媒体到能够对教学媒体进行正确操作所需要的时间；"熟练使用周期"是指能够从正确地使用教学媒体到娴熟地使用该教学媒体进行有效的教和学所需要的时间。单一的、简单的、功能较弱的教学媒体，其使用周期和熟练使用周期比较短；而综合的、复杂的、功能较强的教学媒体，其使用周期和熟练使用周期会长一些。并且，对同一种教学媒体而言，它的使用周期往往比熟练使用周期要短许多。

四、教学媒体发展规律与应用规律之间的关系

从对教学媒体发展规律和应用规律的讨论中，我们发现教学媒体随着科学技术的飞速发展，其种类越来越多，且新型教学媒体与次新型的教学媒体间的间隔时间也越来越短，每一种教学媒体都有比较固定的使用周期和熟练使用周期。表现在教学媒体上的这三个时间特性存在以下的关系：更新周期＜＜使用周期＜熟练周期。

当一种新型的教学媒体应用于教学后，教师或学生首先要了解教学媒体的基本结构、教学功能和基本操作方法。经过一段时间在技术和心理上的适应之后，在社会、机构及学校的正确、及时引导下，就会开始进入下一阶段，即如何利用新型教学媒体来促进教学和学习，来提高教学、科研和学习的效率，来进行自我提高，等等。当教师和学生能够熟练地应用该教学媒体完成这些任务的时候，就表明这些教师和学生已经进入了熟练使用教学媒体的周期。一般情

况下，对某些教师和学生来讲，从开始接触教学媒体到能熟练地使用，这段时间也许不长，但从全社会的角度来讲，这段时间是比较长的，尤其是它比新旧教学媒体的间隔时间要长得多，即教学媒体的使用周期，特别是熟练周期要远远大于更新周期。教学媒体发展历史上使我们陷入"怪圈"的原因，就在于我们没有认识到教学媒体的发展规律和应用规律间存在的这种关系，没有正确地引导广大教师来面对种类繁多、功能日益强大的新型教学媒体，而是错误地、一味地热衷于对新媒体的追逐。当新的媒体出现时，极力宣扬新媒体的功能，使许多教师还没能熟练地掌握使用原来的教学媒体，就又开始应用新教学媒体，丢掉了原有的教学媒体，这样就使得每一种媒体都没有充分发挥其应有的效用。

至此，我们对于教学媒体的本质有了一个崭新的认识，也逐渐弄清了困扰我们多年的现代教学媒体为什么不能有效地促进教育信息化和现代化的根源所在。一言以蔽之，我们在本节开篇中所述的多媒体发展历史上所出现的一些预言和"怪圈"，其产生的深层次根源就在于我们没有认识到教学媒体的本质，认为某些教学媒体特别是刚刚出现的新型教学媒体是可以包罗万象的，是万能的；没有认识到一种教学媒体从它产生到熟练应用，进而对教育教学产生重要的作用与影响，需要比较长的时间，有一个技术上和心理上的准备与接受的过程，这不是几年就能够做到的，可能需要一代人甚至两代人的努力，才能使这些教学媒体发挥出它潜在的教学功能，对教育教学的作用才能彰显出来。

第五节　多媒体的教学功能

多媒体在教育教学中能发挥什么样的作用？它具有哪些教学功能？这些内容也属于多媒体的本质范畴。因此，研究和学习多媒体的教学功能，具有重要的实践意义。如果对多媒体本质的认识存在缺失，就会把多媒体所具有的理论功能与实际教学中表现出来的功能相混淆，将影响教师在信息技术与课程整合过程中的态度、观点和方法。教育领域中应用的技术或媒体，其教育功能如果只是在理论层面建构的，那它的功能仅仅是理想的和可能的。多媒体用于解决具体的教学问题时所表现出来的功能，才是它的实际教学功能。进入教育系统的技术，在将其可能性变为现实性的同时，也就开启了更大范围的技术可能性。信息技术与课程整合中的多媒体具有两种教学功能，即"理想的教学功能"和"实际的教学功能"。

一、多媒体"理想的教学功能"

多媒体"理想的教学功能"，是指某种多媒体（彩色显微镜与大屏幕投影机）在理想的、最好的使用状态下所表现出来的教学功能。比如，教学内容：让学生仔细观察和理解"动物体细胞的组织结构"；我们从教学过程设计、多媒体应用设计、教学过程实施和教学效果评价与学习体验四方面来探讨理论功能的构建。

① 教学过程设计。宏观上主要涉及教学内容组织、教学过程设计、教学活动组织和教学效果评价等几方面。

② 多媒体应用设计。主要涉及与多媒体相关的部分：细胞切片的制作与展示、彩色显微镜的质量与使用、彩色显微镜与大屏幕投影机的连接、大屏幕投影机的质量与运行状态和教室环境与照明情况等。

上述教学各环节的设计符合教学设计原理，切合学生现实状况，达到理论上的科学和完备状态。

③ 教学过程实施。在具体教学过程中，教师对多媒体的操作运用达到科学、恰当和完善的状态。

④ 教学效果评价与学习体验。在教学过程结束后，通过提问、讨论等形式检测教学效果和学生的学习体验，结果是学生详细地观察和充分地理解了"动物体细胞的组织结构"，高水平地甚至是完美地达到了预期的教学效果。可见，在最理想状态下多媒体所表现出来的功能，是多媒体的理想教学功能或者说是"理想的教学功能"。

二、多媒体"实际的教学功能"

多媒体"实际的教学功能"，是指这种多媒体（彩色显微镜与大屏幕投影机）在实际教学中，某教师使用它进行教学时所表现出来的教学功能。由于教师自身知识水平有限，或多媒体等教学环境条件没有达到要求，教师在教学设计、教学实施过程和教学效果的评价与学习体验各环节中，往往没有做到理想的状态，比如细胞切片时不规范，使细胞受到过分挤压；大屏幕投影机灯泡老化、清晰度不够等，使得教学效果打了折扣。学生反映没有看到清楚的细胞核与细胞壁的界线，疑惑动物体细胞是灰白的还是彩色的。由此可见，教师运用多媒体进行教学是多媒体所表现出来的功能，就是多媒体的"实际教学功能"。

我们平常所谈论的教学功能即指"理想的教学功能"，它是这种多媒体所能达到的理想的教学功能，而要使这种多媒体达到理想的教学功能，就必须使该多媒体呈现合适的教学内容，在恰当的时机得到合理的使用，才可能表现出强大的教学功能，而这常常是很难达到的。我们平常所见到的某种多媒体的教学功能，往往是该多媒体在某种状态下，在某个教师设计、使用的情况下所表现出来的教学功能即"实际教学功能"。"实际教学功能"总是小于"理想的教学功能"，我们不能把这二者混同。多媒体的"理想的教学功能"，只有在教学中科学而熟练地使用多媒体，其教学功能才能充分发挥出来。

第六节　多媒体在教学中的地位与作用

关于多媒体在教学中的地位与作用，研究者有不同的观点，迈耶认为多媒体在教学中主要是有目的地呈现词与图，以促进学习。而戴尔的经验之塔理论更系统地阐述了多媒体在众多教学媒体中的地位与作用。

一、戴尔经验之塔理论

美国视听教育家埃德加·戴尔（Edgar Dale）在1964年出版了《视听教学法》，在书中他提出了"经验之塔"理论（见图2-1），后人称之为"戴尔经验之塔理论"。戴尔认为人的经验获取主要通过三个渠道（或三大类）：通过做获得的经验，称为"做的经验"；通过观察获得的经验，称为"观察的经验"；通过抽象获得的经验，称为"抽象的经验"。

这三大类经验又具体包含十个阶层的经验，即"做的经验"中包含有目的的直接经验、设计经验和参与活动等；"观察的经验"中包括观摩示范、见习旅行、参观展览、电影、电视和广播录音、照片幻灯等；"抽象的经验"中包括视觉符号和言语符号。

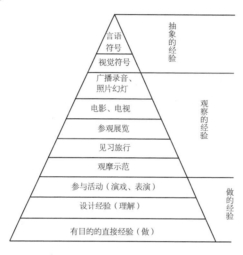

图2-1 戴尔经验之塔

戴尔经验之塔的主要观点：

①经验之塔最底层的经验最具体，越往上升则越趋抽象。这并不表明获取任何经验都必须经历从底层到顶层的过程，也不是说下一层的经验一定比上一层的经验更有用。这些层级的划分只是说明各种经验的具体和抽象程度。

②教育应该从具体经验入手，从具体逐步过渡到抽象。有效的学习必然是建立在丰富的、具体经验的基础之上的。

③教育不能止于具体经验，而要向抽象和普遍发展，形成概念。概念是我们进行抽象、推理的基础。

④位于塔的中层的视听教育媒体，与言语符号、视觉符号相比，更能为学

生提供较丰富的具体经验，为理解知识提供条件；同时，它也能冲破时空的限制，在具体经验的基础上帮助学生进行抽象与概括。

二、多媒体在教学中的地位与作用

（一）多媒体在教学中的地位

关于多媒体在教育教学中的定位或地位问题，已经有比较多的研究和成果，我们可以从戴尔经验之塔理论中得出，多媒体在教学中处于"连通""中枢"的地位。主要表现在以下两方面：一是具有高层经验与底层经验之间的传承作用，即多媒体处于经验之塔的中间位置，在"做的经验"和"抽象的经验"之间具有连接与沟通的功能；二是中枢地位，即多媒体位于"做的经验"和"抽象的经验"交汇之处，"抽象的经验"需要中间位置的多媒体的支持，而"做的经验"又需要多媒体帮助提炼，这一独特性决定了多媒体在人类获取经验的过程中处于中枢地位。

（二）多媒体在教学中的作用

多媒体在教学中发挥着什么样的作用？对此问题研究者们做了大量探索，也有不同的观点，比如他们认为多媒体在教学中的作用有：使学习者接受的教学信息更为一致，有利于教学标准化；能有效激发学习者的动机和兴趣，使教学活动更为有趣；能大量提供感性材料，增加学习者的感知深度；设计良好的教学媒体材料能够促成有效的交互活动；设计良好的教学媒体有利于突破难点，提高教学质量和教学效率；有利于实施个别化学习，培养自主学习能力；有利于开展协作学习，促使学习者进行"探索"式的学习；促进智慧教育的产生；等等。我们可以从另外两个角度来对多媒体在教学中的作用进行探讨，以获得更为核心的、重要的作用及表现形式等。

马歇尔·麦克卢汉（Marschall McLuhan）的媒体观，既是对多媒体本质的概括，同时也包含了对多媒体作用的描述。比如，他认为，媒体是人体的延伸，媒体就是信息，媒体是推动社会变动的最强大动力等。虽然他的有些观点现在看来确实有待商榷，但是"媒体是人体感官的延伸"却得到了学者们的一致认可。由此也可以看出，多媒体在教育教学中起到拓展人体获取信息能力的作用。再比如麦克卢汉认为媒体是推动社会变动的最强大动力，如果对这一观点进行改造，把"最"字去掉——"媒体是推动社会变动的强大动力"，就与当下多媒体、信息技术对社会进步、教育教学改革的作用大大地吻合了。

而戴尔经验之塔理论告诉我们，多媒体在教学中主要有两方面的作用，即提供形象化学习材料与帮助学习者进行概括提炼。当学习者学习知识发生困难时，需要多媒体为其提供形象材料，使其通过这些形象材料准确理解相关知识；而知识的学习不能停留在具体经验阶段，需要利用多媒体以具体经验为基础提炼上升到概念，进行推理与抽象，并能运用获得的知识去解决问题。

第七节　多媒体的传播力

从传播学的角度来看，多媒体也是传播媒体中的一员。多媒体的本质、特征和教学功能已在前面做了较详细的论述，但多媒体的传播能力如何，是传播媒体研究中的一个重要内容，所以，有必要对多媒体在传播过程中的信息增值问题、信息的传播能力做一些前沿性的探索。

一、增值是信息传播过程中的普遍现象

信息在人类社会中时时传播、处处传播，是联系社会各成员的纽带，假如人类社会没有信息的传播，那将是不可想象的。然而，在传播的过程中，信息的量同时朝两个方向发展，例如，甲想把自己的一种独特的"想法"告诉乙，乙接收这种想法后，甲也没有失去这个想法，那么，一方面，在这个社会中，这种"想法"由 1 份或 1 个单元增加成为 2 份或 2 个单元，从总量讲是增加了；但是另一方面，在甲把自己的"想法"传递给乙的过程中，由于甲的编码、环境的干扰和乙的译码等因素的影响，乙所得到的"想法"总是少于甲头脑中的"想法"。多媒体信息的传播同样存在这种现象，例如，教师给一个班 40 个学

生讲授"浮力"的有关知识，教师通过各种教学手段（讲解、演示、电视特技等）讲授完之后，每个学生都对"浮力"的知识有了一定的了解，那么，浮力的知识由传播之前的教师一人拥有，变成了传播之后的师生一起共有，总量增加了。但仔细考察这40位学生当中的每一位，便可知道，个体学生所拥有的关于"浮力"的信息，总是少于教师所拥有的信息量，即在个体上信息量是减少的。在电视新闻传播过程中，这种现象就更加明显，例如有关中共中央召开"两会"的电视新闻，一经在电视台播出，数以亿计的中国人甚至海外华人马上就知道发生了什么事情，信息总量的增加是爆炸性的，一夜之间这条新闻便被全国大众知晓，然而每个人从电视里所获取的有关"两会"的信息毕竟是有限的，总是少于记者和编辑们所拥有的信息量，因为这些信息是编辑们（把关人）剪辑过的。

信息在社会、人群中传播，并不是只传播一次就终止，而是接力式地不断传播下去。在传播中，信宿并不总是信宿，它在接收信息之后（一级传播），也变成了次一级的信源，把新接收到的信息，通过自己的理解，加上自己的见解，通过某种媒介再传递给其他受众（二级传播），这样一直传播下去，呈现多级传播的状态。例如，北约用导弹袭击南联盟的电视新闻播出之后，有成千上万的人同时作为受众获得了这个信息，这个信息在一级传播中量的增加非常迅猛。这些接收电视新闻后的受众，并不就此沉默作为最终的受众，而是有许多想法，需要同其他人交换意见，进行沟通，他们把电视新闻的内容经过加工处理，加上自己的观点，再向别人传播……这样一直传播下去，随着传播次数的增加和传播距离、空间的扩展，信息的总量不断增加，而后续受众所获信息与上一级信源相比，信息内容从量上发生了减少，从质上发生了变形（因为经过各级传播者的剪裁加工），这就是"三步之外必有谣传"的原因。

通过大量传播事例的分析可以看出，任何信息在传播过程中，确实存在两方面的倾向：一方面存在增值的现象，另一方面又存在损耗的问题。教育信息的传播同样如此，这是信息传播过程中的普遍现象。

二、教育信息在传播过程中增值的形式

教育信息是指通过一定的教育教学形式传递的，人们在生产生活中积累的认识世界、改造世界、教育后人的经验和知识。教育信息的增值主要有两种形式——正增值和负增值。

（一）教育信息的正增值

前面已经讲过，在传播过程中，随着传播次数的增多、受众人数的增加，信息的总量是增加的，这是信息传播中的普遍现象，这种在传播过程中信息总量的增加被称为正增值。教育信息在传播过程中同样有正增值的现象，它可以使更多的人获得知识，更多的人受益，正因如此，人们才不遗余力地用各种形式进行教育信息的传播。正增值越多、越快是人们进行教育传播所追求的目标，不同的教育传播媒体、教学传播形式，其正增值的能力是不同的。例如，同样内容的教育信息，如果采用班级讲授的形式进行传播，其正增值的能力一般就没有采用卫星教育电视远距离传播的强。因为班级讲授传播一次，受众不过几十人；而采用远距离传播一次，却可使成千上万的人获得知识。

（二）教育信息的负增值

信息在传播过程中，由于受众在接收传者所传信息时，受各种因素的干扰，其所得到的信息总是少于他们前面信息源所拥有的信息量，我们把这种个体信息的减少称为负增值或损耗。教育信息的负增值主要发生在编码、传播和译码三个环节中，表现为传者在对所传信息进行编码时，无形中总是要掺和进去自己的一些观点、看法；信息被编译为符号时二者之间总是有差别的。由于传播目标不同或受传播手段的限制，传播者对原有信息总是要进行一定的剪裁，以符合传播的要求和目的，那么，这种编码剪裁，势必对信息造成一定的损失，这些因素都使得原有信息发生一定的变形，成为负增值的一部分，姑且称之为编码变形。信息在传播过程中，总是受到教学环境（光线、噪声等）和教学媒体本身（如杂声、杂波、图像不清等）的影响，使受众听不清、看不明，

影响受众对信息的全面接收；有些教学软件在传播过程中是可以复制的，但在复制过程中也会发生信息丢失，也会使干扰变得严重，信号传到受众面前，受众接收了这些已经有损失、变形的信息之后，根据已有的经验对符号进行译码还原，使其变为信息意义，并对这些信息进行甄别，符合者留存记忆，不符合者自然丢失，这个译码过程也会产生损耗与变形。至此，那些留存在受众大脑中的信息才是传播真正产生的效果，那么，它一定和原有信息有着量的区别和质的差异。

总之，信息的增值和损耗是其在被传播过程中同时存在、同时进行的两个方面，只要信息在传播，就一定有正增值和损耗存在，信息传播不息，其增值就不止。

三、教育信息增值的物理模型

（一）构建教育信息增值的物理模型

信息的传播是一个非常复杂的过程，其复杂性表现在：一般信息的传播没有明确的目的性，即这些信息向哪些特定受众传播，要产生什么样的效果，是不明确的。传播过程没有有力的组织措施，信息的传播是随意的、自然的；受众在文化素质、知识结构、年龄特征、团体规范等方面差异很大，同一信息，受众有不同的理解和解释，使所传信息的信度大大降低，还需要受众根据自己的经验加以鉴别。所有这些都使我们对传播过程的认识变得非常困难。

教育信息是信息研究的一个分支领域，并且是一个特殊的领域，其特殊性就在于其传播活动有组织性。教育信息的传播都是按照一定的形式组织的可控制的传播过程，通过组织来提高传播教育信息的效果；教育信息的传播一开始就有明确的目的性，传播的受众是谁，要达到什么传播效果，都是确定的；教育信息在传播之前都经过精心的编排，在传播过程中，通过获取反馈信息来调整传播的方式和节奏；教育信息传播的受众在主要特征方面可以认为是均等的，其差异较小，因为对教育信息的传播是通过有组织地把受众分成不同层次的群体，以适应传播活动的需要，这些主要特征包括教育程度、知识结构、社会文化、年龄特征、团体规范等。教育信息传播的这些特殊性，就使研究教育信息的增值问题变得较为简单，也容易控制和实现，所得结果也可作为研究一般信息增值问题的基础。

即便如此，要对教育信息在传播过程中的增值进行研究，还必须做一些模型化的处理，抓住与增值问题有关系的本质因素，而忽略一些次要因素，以便建立一个理想的模型。基于这种研究方法，我们假设，在教育信息传播过程中，受众组成的群体，其群体结构均匀，团体、社会的规范对每个受众的影响一样，受众的各种个人特征（接受能力、教育程度、知识结构、年龄特征）方面的差异很小，教育信息的增值只与传播媒体、信息内容、编码、译码、传播过程及环境等因素有关。下面的研究都是在这种假设的条件下进行的，当然其结论适用的范围也是有限的。

（二）教育信息增值模型的形式

教育信息的增值不仅跟传播媒体有关，而且跟传播内容等有关。根据在理想条件下建立的传播模型和实际传播的过程，我们可以大致勾画出用语言媒体传播教育信息时的几种模型的包络图。

图 2-2～图 2-4 是不同内容的教育信息在用语言媒体传播时的三种形式，其中 $f(x)$ 表示信息源个体信息量，其高度代表个体信息量的多少，包络所围绕的立体空间代表信息增值的总量，横轴代表传播次数（或传播时间、受众人数）。图 2-2 是受众对所传信息很感兴趣，乐于接收和继续传播这些信息，并在再传播过程中尽心尽力，信息的损耗率较低，故其包络下降缓慢；图 2-3 和图 2-2 恰好相反，受众对所传信息不感兴趣，甚至厌烦，所以包络下降较快；而图 2-4 则是居于图 2-2 和图 2-3 之间的一种理想情形，包络呈现直线下降。（刘世清，2001）

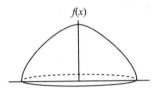

图 2-2 教育信息在用语言媒体传播时的形式 1

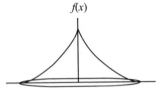

图 2-3 教育信息在用语言媒体传播时的形式 2

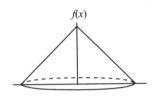

图 2-4 教育信息在用语言媒体传播时的形式 3

运用印刷媒体、电子媒体传播教育信息时，其包络图的大致走向与用语言媒体时基本相同，其区别仅在于包络线的凹凸不同。例如应用远距离卫星电视传播教育信息，因其一次可以使许多人获得知识，并且信息损耗较小，所以，包络线很缓慢地下降，包围的空间较大。

（三）教育信息增值模型的数学表达式

在理想条件下建立的传播模型，是一个简化的、理想的传播过程。建立模型是为了对传播过程中信息的增值做进一步的深入研究，探究其定量的表达式，为寻找更精确描述信息增值的数学表达式提供一些新的思路和线索。

我们以图 2-2 为基础来研究信息增值的数学表达式，假定用 n 表示传播次数，$F(z)$ 表示信息源所拥有的信息量（z 与信息的内容、结构有关），$P(n, z)$ 表示在 n 时信息的总量，$I(n, z)$ 表示 n 时的增值量，$F(n, z)$ 表示受众个体所拥有的信息量，$f(n, z)$ 表示 n 时个体信息的损耗量，见图 2-5。

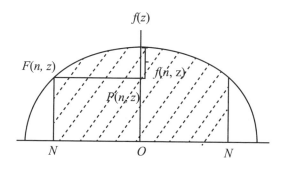

图2-5 教育信息传播量分析

从前面的模型及传播过程可以知道：当 $n=0$ 时，$F(n, z)=f(z)$，$f(n, z)=0$，即信息没有传播时，个体信息没有损耗；信息的总量 $P(n, z)=f(z)$，即信息总量没有增加，信息的总量等于信息源的信息量。

当 n 增加时，$f(n, z)$ 增加，即当传播开始后，受众个体拥有的信息依次开始减少（发生损耗），变为 $F(n, z)$，由此可见，$F(n, z)=f(z)-f(n, z)$ 或 $f(n, z)=f(z)-F(n, z)$，这便是某一时刻（或第 n 次传播之后）信息损耗的表达式。

而当 n 增加时，信息增值部分 $I(n, z)$ 在增加，$P(n, z)$ 增加，即总信息量开始增加。

所以，$P(n, z)=f(z)+I(n, z)$，而 $I(n, z)$ 便是增值部分。

根据模型可知：当发生 $\mathrm{d}n$ 次传播时，$F(n, z)$ 的变量为 $\mathrm{d}F$，信息的增值部分可被视为一个厚为 $\mathrm{d}n$、高为 $\mathrm{d}F$、以 n 为半径的圆柱的体积，见图2-6。

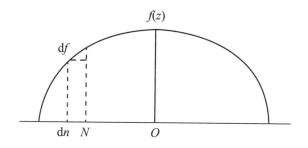

图2-6 教育信息传播增值分析

即 $\Delta I(n, z)=2\pi n \times F(n, z) \times \mathrm{d}n \times \mathrm{d}F$

两边积分：$I(n, z)=\iint 2\pi n \times F(n, z) \times \mathrm{d}n \times \mathrm{d}F$

根据传播的实际情形，在传播过程中，当后续个体受众所拥有的信息量 $F(n, z)$ 仅为信源信息量 $f(z)$ 的 20% 时，我们就可以认为，这个信息对受众已没有多大作用了，即可把这个时刻看作传播的增值结点。此时，虽然传播可能还在进行，但已无增值可言，20% 所对应的那个时刻 n，即是传播的总时间或总次数。

所以，$I=\iint 2\pi n \times F(n, z) \times \mathrm{d}n \times \mathrm{d}F$

$P(n, z)=f(z)+I(n, z)$

$\qquad =f(z)+\iint 2\pi n \times F(n, z) \times \mathrm{d}n \times \mathrm{d}F$

这个公式只是很粗略地对信息传播过程中的教育信息增值进行了描述，究竟 $F(n, z)$ 的形式是什么样的，积分的上下限如何取值等许多问题还有待我们继续研究。

增值是从全体（体积）的角度而言的，而损耗则是从个体（线）的方面考虑的。信息只要开始传播，就必然要增值，所不同的只是增值的形式、快慢（或程度、陡度）；只要有信息传播，这个信息的损耗也就在所难免，这是信息传播同时存在的两个方面。这个增加的值只是从量上而言的，并非从质上而言的，有的信息虽然量少，却价值万金；而有的信息其量很丰富却可能一文不值，且信息的价值对不同的人有不同的作用和体现，同一信息对甲很重要、有价值，而对乙却没有重要的价值。诸如此类问题不属我们探讨之列。

四、各种媒体在传播教育信息时增值的差异

教育信息的传播，总是要借助于不同的传播媒体来进行，而不同的教育传播媒体，即使传播"相同"的教育信息，其增值与损耗的情形也肯定是不相同的。

（一）语言媒体传播教育信息时

随着传播次数（或级数）的增加，个体受众所拥有的教育信息迅速减少，

当 $F(n, z)$ 减少到原来的 20% 时，就可以近似认为 $F(n, z)$ 已无有价信息，即 $F(n, z)=0$，传播过程结束。此时，教育信息的总量 $P(n, z)$ 趋于一个定值，其物理模型呈现为一个较大的"钟形"，也就是说，用语言媒体传播教育信息，其增值的力量较小，损耗较大，信息总量的增值是有限的，理论上讲是这样的，实际传播过程也确实如此。

（二）印刷媒体传播教育信息时

因受众接触的印刷媒体即使有初版、再版之分，其差别也不大，即 $F(n, z)$ 变化不大，所以，随着印刷媒体在受众中传播的增多，信息的增值可能是收敛的，也可能是发散的（趋于无穷大），即 $P(n, z)$ 趋于无穷或某个值。在实际传播过程中，因为受众的人数受客观总人数的有限性和受众自愿性的限制，传播不可能是无限进行下去的，所以，信息的增值应是有限的，只不过它的增值比语言媒体增值的总量大、速度快而已。

（三）现代媒体（如网络）和未来媒体传播教育信息时

因每传播一次就可以使大量的受众获得知识，传播的效率高，并且受众接触到的信息几乎是不变的，那么 $f(z)-f(n, z)= F(n, z)$ 变化甚微，从理论上讲，当传播次数趋于无穷时，即 $n \to \infty$，信息的增值是无限的，$I(n, z) \to \infty$。但在实际传播中，n 同样不可能趋于无穷，受众的人数不仅受制于总人数，而且与教育过程组织的优劣、受众的积极性有关，如果组织工作做得不好，受众人数可能很少。所以，$I(n, z)$ 只能是一个有限的值，且 $P_现 > P_印 > P_语$，$\dfrac{\mathrm{d}P_现}{\mathrm{d}t} > \dfrac{\mathrm{d}P_印}{\mathrm{d}t} > \dfrac{\mathrm{d}P_语}{\mathrm{d}t}$。

教育信息在传播中的增值，不仅和传播媒体有关，而且和信息本身的性质与内涵有关。不同的信息，其函数的表现形式 $F(n, z)$ 也不同。受众感兴趣的信息，传播时其增值就快、就强，枯燥无味、受众反感的信息，传播时其增值就慢、就弱。但影响信息增值的主要因素还应该是传播媒体。

信息的增值程度还与信息的新颖性（对受众而言）有关，受众已经知道的信息，其增值是极其微弱的，因其消除不确定性的东西减少了。研究教育信息的增值问题，目的是在教育中更好地利用正增值，尽量减少信息损耗，为教育教学服务。那么，这个问题应该从哪些方面去考虑呢？

五、提高教育信息传播力的策略

教育信息传播中增值的利用和损耗的避免是提高传播力的总策略，教育信息在传播中的增值和损耗，实际上是同一个事物的两个方面，充分利用教育信息的正增值，也就是充分减少它的损耗，正增值和损耗是负相关的。教育信息的损耗主要产生在编码、译码、传播过程和传播的组织等环节，所以，为了使教育信息的传播能以较少的投入产生最大的增值效应，在传播过程中，应注意以下几个策略的应用。

（一）教育信息的编排设计策略

在传播过程中，教育信息的编排设计，要重点考虑信源编码和信宿译码，其主要任务是使传者把自己拥有的信息变成一种合适的符号，当这种符号被受众接收之后，其还原的信息意义能尽量与原来的意义保持一致。要做到这一点并非易事，因为符号的意义来自经验，宣伟伯博士认为："我们在传的关系中可以共享的只是符号，而非意义。意义生于个人经验，而个人经验乃个人对事物反应的结合，没有两个人有完全相同的反应，所以意义总是个性的。"要使传者和受者对某一符号的意义尽量保持一致，就必须充分了解学生的特征，了解信息的特征。在认识学生的基础上结合信息的特征，编制出符合学生认知特征、学生感兴趣的符号。

（二）对教育传播媒体的选择与编制策略

教育信息要传送，仅把它变为符号是不够的，还必须把符号转换成信号才能传送出去，因为符号是具体的，但还不是物理性的，还不能传送出去，不能成为受众可接受的刺激物。如传播者考虑使用的语言符号，只有当他用口说出来成为声音信号，才能被受众的耳朵接收。不同的信号需要用不同的媒体来传送，而不同的媒体专门传送不同的信号，只有把教育信息与教育媒体恰当地结合起来，才能收到较好的传播效果。所以在编制教育信息时，不仅要考虑教学内容、学生特征，还要考虑教学信号的编制和教学媒体的选用，要把这四者有机地结合起来。

（三）教育传播过程的组织优化策略

教育传播有许多形式，如班级讲授教学、多媒体组合班级教学、教育媒体辅助教学、个人自学、卫星电视远距离教学、网络教学等等。不同的传播形式有不同的组织管理要求。即使教育传播媒体在传播教学信息时增值的能力再强、传播的次数再多，如果组织工作没有做好，那么受众的人数就不会太多，所获得的信息量也较少。可见，教学过程的组织工作与受众的人数、受众个体信息量的获得有直接的关系，它将直接影响信息的增值和教学的效果。教学过程的组织优化主要包括以下几方面：一是按教学目标要求，保证受众人数；二是对教学过程中的各种干扰因素进行控制，使其降到最低程度；三是为学生提供各种服务，如答疑、及时反馈、布置作业等，力争使学生获得较多的信息量。

（四）对教育传播过程的控制策略

前面讲到，教育传播有许多形式，对不同的形式其教学控制的方法不同，控制者也不同。如以班级为主的各种教学形式，控制者和传播者是同一个人，传播者可及时地根据反馈来调节教学进度，改变教学方法，实现对教学过程的实时有效控制；控制者和传播者也可以是分离的，如远程教育，在这种教学形式下，传播者就很难控制学生，因为学生对象是不确定的，反馈是延时的，学生的分布是广泛的，对教学过程的控制要依靠实际传播过程来灵活进行。

多媒体的传播力、教育信息的增值及其在教学中的有效利用，是一个复杂的过程，涉及的因素众多，比如与社会文化、生活习惯、新技术和种族等有关，需要我们逐步地深入探索。

```
 ┌─────────────┐
 │  第三章  ◎  │
 └─────────────┘
```

多媒体学习的基本问题

◎ **本章内容概述**

　　本章主要围绕多媒体学习中的相关问题与运用新媒体学习的相关问题展开讨论。多媒体学习的相关问题主要探讨了多媒体学习与研究的领域与重点、多媒体学习与数字化学习的关系、多媒体学习的通道、多媒体学习研究的方法和质量、迈耶多媒体学习原则的适用条件等。运用新媒体学习的相关问题主要探讨了信息技术与课程的整合观、信息技术与课程整合效果的评价、信息技术与课程整合的阶段性、新媒体（比如 MOOC、翻转课堂、同步课堂等）有效应用的条件问题、数字化中的法律与道德规范问题等。对这些问题的深入探讨与研究，有利于分析和建构多媒体学习的各种模式。

　　关于多媒体学习的研究已经成为当今教育心理、教育技术等学科的研究热点，尤以美国学者的研究成果最为丰富。随着信息技术的快速发展，又出现了基于信息技术的在线学习、MOOC 和翻转课堂等新媒体或学习方式。本章将分成两大部分来讨论多媒体学习中的基本问题，首先讨论多媒体学习的五个相关问题，然后，再对当前比较关心的运用新媒体学习的相关问题进行讨论。

第一节　多媒体学习的相关问题

　　2010 年 8 月至 2011 年 8 月，刘世清曾在美国普渡大学（Purdue University）进行高级访问研究。其间，专程拜访了教育心理学家、认知心理学家、实验心理学家、多媒体学习研究的集大成者，加州大学圣巴巴拉分校的理查德·E. 迈耶（Richard E. Mayer）教授，并就多媒体学习与研究方面的基本问题，如研究领域、信息获取通道、研究方法、有效运用条件和未来发展等进行了交流讨论，现将当时访谈的主要内容呈现给大家，旨在从深层次上达成对多媒体学习的全面认识。（刘世清，2013）

一、多媒体学习与研究的领域与重点

刘世清：您经过 20 多年的研究，对多媒体学习这一领域的认识已经非常深入和全面，您认为针对多媒体学习的研究，其研究领域、核心和重点是什么？

Mayer：我们认为多媒体学习与研究的基本领域主要集中于三个方面：一是学习科学（the science of learning）；二是教学科学（the science of instruction）；三是评估科学（the science of assessment）。

在学习科学方面，相较于言语学习（verbal learning），多媒体学习（multimedia learning）更加关注图片和视频在学习中发挥的作用，主要研究当运用图片、视频等进行学习时，人们的学习过程、学习规律和原则等是什么样的。在教学科学方面，主要研究如何通过教学设计，合理运用图片和视频来促进多媒体学习。在评估科学方面，主要研究当多媒体学习发生后，如何测量人们脑中存在的知识，如何测量人们脑中知识结构的变化。

刘世清：多媒体学习与研究的上述三个领域，具体可以理解为：学习科学是涉及多媒体学习的基本理论方面的研究；教学科学是多媒体学习的相关理论与原则在学科教学中的具体运用与实践；而评估科学则是对学习科学自身及其在教学中运用效果的评价。这三个领域是紧密相连而不可分割的。

Mayer：多媒体学习与研究的重点实际上就分布在这三大研究领域中，具体来讲主要有：多媒体学习的定义与内涵、多媒体学习的理论基础、多媒体学习的基本模型、多媒体学习的本质、多媒体学习的通道原理、多媒体学习中的个体差异、多媒体学习的基本原则、多媒体学习的研究方法、多媒体学习过程、多媒体学习规律、多媒体学习效果评估和多媒体发展趋势等。

刘世清：您对多媒体学习与研究的重点问题概括得非常清楚，但我们认为除上述重点，还有一个重要问题，即如何在认知（人如何学习）、教学（如何帮助人学习）和技术（如何设计多媒体学习材料帮助人学习）之间建立起联系，并正确把握和认知这种联系，才能全面理解多媒体学习的内涵，真正运用多媒体促进有效学习，实现不同学科专家的共同愿望。

Mayer：您的观点我完全同意，只有把这个桥梁建立起来了，才能真正发挥多媒体学习理论与方法的作用，实现多媒体学习与研究三大领域的三位一体，整体推进多媒体学习的理论研究和实践运用。

关于多媒体学习与研究的重点，尽管不同的研究者，由于学术背景、研究经历等方面的差异，他们对多媒体学习与研究所关注的重点不同，但多媒体基本理论中的诸多问题却一直是多媒体学习与研究的重点，因为它们是指导多媒体学习、提高多媒体教学效果的基础。我的研究重心也是想在认知、教学和技术之间建立起桥梁与联系，旨在提出一种学习者如何从语词和画面中学习的理论，提出一组与学习者学习相一致的多媒体学习设计原理，并于学科教学中运用这些原理，这些原理是建立在实验实证研究基础上的，同时也要回归教学领域对这些原理进行检验与修正。

我在密歇根大学攻读认知心理学博士学位时，最感兴趣的是研究如何促进知识的迁移，研究可以促进知识迁移的教学手段和方法，以及用何种方式"教"可以更好地帮助学生在新环境中运用所学的知识。所以我的研究目标是寻找各种各样的有效的教学方法，帮助学生促进知识迁移，尤其是在数学和科学领域。20多年前，我发现图表可以帮助学生更好地理解数学和学科领域的概念，当时我关注的并不是多媒体，而是如何促进学习者知识的迁移，后来在这方面的探索带动了我对多媒体学习的研究。

二、多媒体学习与数字化学习的关系

刘世清： 在中国，有许多人习惯将多媒体学习（multimedia learning）称为数字化学习（digital learning），认为这两个名称是相同的，您如何看待这个问题？

Mayer： 实际上多媒体学习涵盖的内容更广一些，因为它既包括了文本，即基于书本（印刷媒体）的学习，也包括电子化的学习，即基于数字媒体的学习。然而，数字化学习只是基于计算机的学习。举例来说，如果一本书包括了文字和图片等信息，那么通过这本书进行的学习也叫作多媒体学习，但不能称之为数字化学习。

刘世清： 是这样的。学习方式揭示了不同时代学习内容与形式的特征，在整个人类文明发展的历史进程中，文字的出现扩展了教育的形式和内容，使教育从社会生活中分化独立出来；印刷术的产生让课本成为信息的主要载体，加速了文化的传播和现代教育的普及。如今多媒体和互联网的高速发展，以惊人的速度改变着人们的工作、思维和学习方式。多媒体是指用多种媒体呈现教育信息，是一种信息的呈现形态，是具体的；而数字化只是信号记录的一种方式，是抽象的，比如模拟信号和数字信号。学习方式往往和信息的呈现形态联系在一起，而不是和信号的记录方式联系在一起，所以，不能称数字化学习，而只能称多媒体学习，这样更科学合理。

Mayer： 我很同意您的观点。数字化学习和多媒体学习是两个不同的概念，不能将其混为一谈。数字化学习实际上是一种学习媒介（learning medium），而多媒体学习是一种学习方法（learning methods），将媒介和方法进行区分还是很必要的。比如，基于计算机的学习仅仅是使用了这种数字化媒介，但并没有涉及学习方法。我本人感兴趣的并不是在学习中运用了何种媒介，而是在学习中应该运用何种学习方法，多媒体学习更多的是指运用多媒体进行教和学的方法。

刘世清: 是的,我们认为"多媒体学习"这个名称是比较正统的,能够较好地概括多媒体学习的本质与属性。然而当前在国际上,多媒体学习和数字化学习的叫法比较混乱,容易使人产生误解,因此,对多媒体学习与数字化学习进行区分是非常重要的。

Mayer: 我对多媒体学习有个很简单的定义,即"任何方式的学习都是多媒体学习"。所以,运用教科书、PPT 演示文稿或网络的学习都可以叫作多媒体学习。任何包括文字和图片等的学习也都是多媒体学习。其中文字包括口语的和印刷的,图片包括图表和动画等。现今的学习主要有三种途径:基于计算机的学习(computer path)、基于文本的学习(paper path)和面对面的学习(face to face path),而数字化学习仅仅指的是基于计算机的学习。

三、多媒体学习的通道

刘世清: 通过阅读您发表的文章和著作,我们了解到您对多媒体学习的研究多是基于双通道(言语通道和视觉通道)来进行的。当今科技的发展,已使"人机交互"渗透到整个学习过程中,出现了三通道甚至多通道的相关研究,引起学界极大的关注。我们想了解一下您在人机交互或媒体交互方面做了哪些研究,您对于多媒体学习的多通道(如触觉交互)有何看法?

Mayer: 触觉交互是一个很重要的研究领域,我们在这方面还没有形成理论。当前的研究重点还是在视觉和言语的双通道,但是身体活动和触觉也是一条非常重要的研究主线。例如电脑固定在桌上,仅对着电脑桌面的学习,并没有通过触觉通道;但是,通过触摸、翻转平板电脑及iPad 之类的产品进行的触摸学习,则需要交互通道的作用。我们目前对于双通道的研究只是研究过程中的一个中期目标,主要是理解人怎样通过视觉和言语进行学习,围绕触觉交互这一通道的研究才刚刚开始,例如我们感兴趣的是 iPad、SMART Board(交互式白板)这类媒体是怎样促进人们的学习的，对人们的学习有什么价值。现在有些学者也在开展"身体认知"（in body cognition）方面的研究，这种"认知"是通过动作、交互等各种身体方式来帮助思考、传递信息和辅助学习的。

刘世清：三通道是指通过与视觉和听觉系统相配合的动作交互（比如，拖动、点击、播放等）来获取认知信息的感觉系统或通道。我们目前做了一些关于三通道多媒体学习的探索，具体包括三通道多媒体学习过程中信息获取的过程特征、眼动特征、脑电特征和认知加工模型等基本问题的研究，旨在探索通过三通道相互配合的学习与双通道学习之间存在的差异，验证是否存在有助于学习迁移发生的第三通道。随着数字技术的发展，人们在多媒体学习过程中的信息获取途径已经有了多样化的趋势，目前比较明显的是动作交互。虚拟现实技术、物联网技术进一步成熟后，可能还会出现情境体验等全方位的学习交互方式。

Mayer：多媒体学习过程中信息获取的通道，从单通道到双通道，再到三通道或多通道，这是一个历史的必然。目前对于三通道多媒体学习过程展开研究，这是一个非常独特、新颖的想法，具有重要的研究价值。

四、多媒体学习研究的方法和质量

刘世清：当前对多媒体学习的研究，各个学科领域都有各自不同的研究方法，如视觉跟踪法（Eye Tracker，眼动仪）、脑电仪法（EEG，脑电图；fMRI，功能磁共振成像）等。除此之外，您认为还有哪些方法可以有效地提高研究多媒体学习的质量。

Mayer：多媒体学习领域主要采用的是行为研究方法（behavioral research method），99% 的研究都是基于可观测的行为研究，例如选择一种学习方法，经过学习后对学生的学习结果进行测量。当前比较普遍采用的第二种研究方法是视觉跟踪法，例如我们就运用视觉跟踪法来研究当呈现一个图片（graphic）和一段说明文字时，人们的视线轨迹是什么样子的，注视点如何在图片和说明文字之间转换，我们试图去研究图片和说明文字的距离以及位置关系对学习效果的影响。我们还有一台 fMRI 仪器，我们用 fMRI 进行研究，找到了人们采用不同学习策略时会使用不同脑区的一些证据。对于 EEG 和 fMRI，我们使用得比较少，因为那需要很长的研究时间，并且比较昂贵，即使现在学生使用 EEG 和 fMRI，也仅仅涉及皮毛而已，我们主要还是运用行为研究方法，有时会运用视觉跟踪方法。

刘世清：在研究中除了运用科学的研究方法，还有什么措施能有效保障研究的高质量？

Mayer：所谓的高质量研究一般要满足以下五个条件：①提出一个重要的、具体的教育问题；②解决这个问题要基于一种可检验的理论；③运用适当的、科学的研究方法；④获得真实、有效的数据；⑤运用逻辑推理方法推理、提炼出恰当的研究结论。第一，研究的主题应该是和教育相关的问题，比如"图片与文本结合来呈现学习内容是否会增强学习的效果"。当所研究的问题得到解决后，其结论应该对发展教育理论具有一定的贡献。第二，研究应该基于某种可检验的理论，以保证我们的研究成果具有较高的可信度，比如信息加工的双通道理论是我们进行多媒体学习研究的最基本的理论基础。第三，多媒体学习的研究应该运用科学的方法和恰当的方法论，同时还必须保证研究过程的科学性和严密性。一般来讲，定量方法和定性方法都有运用的价值，就像观察法与实验法都不能少一样。当然，如果研究的目的是求证出因果关系的结论，那么实验设计、实验研究方法就是必需的。第四，高质量的研究关键是得到高质量的研究结论，而高质量的研究结论又往往由研究数据作为支撑与保障。研究结论的说服力又基于研究证据而不是凭借说教或推理。第五，所谓高质量的研究当然应该得到高质量的研究结论，这些结论能有效解释数据、理论和实践之间的关系，并且得到其他专家类似研究结论的佐证与支持。

刘世清：是的，科学研究是追求真理，科学性是高质量研究的基础，恰当的研究方法是高质量研究的保障，科学合理的研究设计是高质量研究获得的关键，美国同行在这方面的科学精神，对我们影响深刻。

五、迈耶多媒体学习原则的适用条件

刘世清：截至目前，关于多媒体学习的研究成果已经比较丰富，特别是指导多媒体学习的基本原则有12条之多，我们在实际运用这些原则指导多媒体学习的过程中，应该遵循哪些要求与条件才能得到较好的学习效果？

Mayer：我想至少对以下三个方面加以重视才能有效地指导多媒体的教学工作：一是这些原则成立的前提条件；二是这些原则适用的学科范围；三是要进行科学严密的教学设计。第三条已经在前面有所涉及，这里我想主要讨论第一条和第二条。

第一，我们对多媒体学习原则的研究，总是在一定的情境条件下进行的。比如通道原则，它是在双通道加工假设、学习过程中运用的学习材料在设计和呈现时是科学合理的、学习材料是理工科类的、带解说的动画呈现以很快的速度播放等情境中研究得来的。既然这些原则的成立都具有一定的情境条件，那么，我们在运用这些原则指导多媒体学习时，就要在这个情境框架内来进行，不能突破这个情境条件的要求；否则，就会出现各种各样的问题。

第二，我们对多媒体学习过程的研究是基于三个典型材料进行的：打气筒的工作原理、制动器的工作原理和闪电的形成。所以，其研究结论对于理工科类的学习内容基本上是有效的，但对于人文学科领域的学习内容就不一定有效。当前多媒体学习的研究主要集中在科学、数学、技术等理科领域，因为理科类内容的学习目标是比较容易定义的，但是文科类学习内容的目标则比较宽泛，不容易确定，甚至往往是多重的。多媒体学习重要的是达到知识的保持和知识的迁移两部分，其最重大的意义是能够使学到的知识得到迁移，现在学到一些知识，可以把它用到新的环境里，解决新问题。

刘世清：从我们的研究和实践经验来看，要有效地运用多媒体的基本原则指导教学工作，除了您讲的上述三个条件，还有两条也是非常重要的，即正确认识和把握多媒体的本质和在教学实践中细细体验与探索。我想主要讨论第一条，即全面把握多媒体的本质。运用多媒体进行教学已经非常普遍，但现在存在的一个主要问题是人们对多媒体的本质和特点的认识还不清楚，从而影响多媒体在教学过程中的正确运用。多媒体具有表现力强等众多优势，但它不是万能的，也存在不少缺陷。比如，对文学意境、数学中类似"群论"等高度抽象的知识内容就无法有效表达。多媒体要和表达的信息内容相协调，要运用多种媒体进行组合教学才可能取得较好的教学效果，多媒体是一种技术，它是中性的，是一把"双刃剑"，用好了可以提高教学效果，用得不当也可能阻碍认知活动的正常开展，增加学习者的认知负荷。比如，多媒体能在单位时间内立体、快速地传输和表达大量信息，如果使用者一味追求这一功能，将带来严重的认知负担。

多媒体所具有的这些功能和优势，只是在理论上给提高教学效果提供了一种潜在的可能性，而非必然性。如果没有对多媒体学习过程进行科学的设计，这种功能和特点是不会自动表现出来的。也就是说，多媒体的这些潜在功能要靠教师的科学运用才能真正得以实现。而要把这种潜在的功能正确而充分地发挥出来，首先要依靠科学的设计和恰当的运用，同时还要与适当的教学方法相结合。

Mayer：你的多媒体学习方式具有提高教学效果的潜在可能性，而非必然性的观点，比较好地概括了对多媒体学习方式的本质认识，我们在这方面也做了类似的思考与探索。

第二节　运用新媒体学习的相关问题

多媒体和网络技术的发展，推动了信息技术与课程的整合。深入分析信息技术与课程整合观，挖掘整合效果的评价方法为推动信息技术与课程进行有效整合提供了理论支持。多媒体技术的迅猛发展、网络化和知识可视化的逐步推进，以及云计算、大数据的广泛应用，创新了基于信息技术与课程整合的新形式，比如信息技术与课程的整合观、信息技术与课程整合效果的评价、信息技术与课程整合的阶段性问题等，对其进行研究可有效推进教育信息化的进一步发展。同时，MOOC、翻转课堂、同步课堂等新媒体的出现，也给多媒体教育应用的条件和环境带来了新的思考空间，需要通过系统研究来探索有效开展MOOC、翻转课堂的条件问题，以及多媒体学习的法律问题、道德规范和社交原则等。

一、信息技术与课程的整合观

研究和实践信息技术与课程整合，首先要搞清楚什么是"整合"，也就是必须回答信息技术与课程整合这一概念的内涵问题，因为整合观决定研究者和教师在整合实践中的研究视角与实践重心。在我国，关于信息技术与课程整合的观点概括起来有四种，即"使用说""融合说""环境说""效果说"。

（一）使用说

信息技术与课程整合的"使用说"，其核心就是只要在教学中使用了信息技术就是整合。对"使用说"要从信息技术与课程整合的阶段性和现实性两个视角加以分析，在信息技术与课程整合的早期，持这种观点的人比较多，因为在整合的初级阶段，信息技术与课程整合的要求和水平都不高，认为在教学中使用了信息技术就是整合具有一定的合理性；但从信息技术与课程整合的现实来看，这种观点又带有明显的缺陷与局限性，因为从整合的目标和宗旨来看，把整合理解为仅仅是在教学中使用信息技术手段，显然是很肤浅的。

（二）融合说

"融合说"认为，信息技术与课程整合就是要把信息技术课程与其他学科课程融合在一起，以便在学习其他学科的同时能更有效地学习信息技术，就是把信息技术与课程整合看作是有效学习信息技术方式的一个典型例子。从表面上看这个观点似乎很好，因为既然是信息技术与课程整合，就要做到"你中有我，我中有你"，这就意味着学习时不仅要学习学科内容，还要学习信息技术，进而达到两者的融合。这种观点显然不了解信息技术与课程整合的内涵实质，我们可以从以下两方面加以剖析。

首先，从学科教学的角度来看，学习任何一门学科（如政治学）的最终目的是学会学科（政治学）内容，那么，在"融合说"观点下，教学过程中学习的对象究竟是学科政治学还是信息技术？学科知识和信息技术之间是主辅关系、从属关系，还是平等关系？

其次，从教与学的难度方面来看，教师为了解决政治学教学中的难点，培养学生的综合能力，想通过信息技术手段来增强教学的效果。但是，要把学科内容与信息技术内容融合在一起进行讲授，对学科教师来讲难度大大增加，如果融合得不好，教学效果不但提高不了，还可能适得其反；对学生来讲，由于学习学科内容有困难，所以想借助信息技术手段来解决这些困难，而在"融合说"下，学生在学习政治学学科内容的同时还要学习信息技术的相关内容，这实际上增加了学生学习的难度。可以说，"融合说"的信息技术与课程整合，给教学双方都增加了难度和负担，是不现实的。

（三）环境说

有学者认为，信息技术与课程整合，不是把信息技术仅仅作为辅助教或辅助学的工具，而是强调要利用信息技术来营造一种新型的教学环境，该环境应能支持情境创设、启发思考、信息获取、资源共享、多重交互、自主探究、协作学习等多方面要求的教学方式与学习方式。在这种思想指导下，"环境说"认为，所谓信息技术与课程整合，就是通过将信息技术有效地融合于各学科的教学过程来营造一种信息化教学环境，实现一种既能够发挥教师主导作用又能够充分体现学生主体地位的以"自主、探究、合作"为特征的教与学的方式，这样就可以把学生的主动性、积极性和创造性比较充分地发挥出来，使传统的以教师为中心的课堂教学结构发生根本性变革，从而使学生的创新精神与实践能力的培养真正落到实处。这一观点的核心是营造或创设一种新型教学环境，以实现众多的教学功能。从理论上来看，它是一个比较理想的整合观，但是在实践中还有几个问题需要加以考证。

首先，这样功能强大而齐全的环境，有多少学科教师能够创设出来？不管是从技术的角度还是从设计的角度，创设这种环境难度都非常大，即使从事教育技术研究的学者、专家能否创设这样的环境也有很大的疑问。

其次，假如我们花费巨资创设了这样的环境，又有多少学科内容适合在这样的环境中进行教学？如果仅仅是极少部分学科内容确实在该环境中能够取得比较好的教学效果，且具有不可替代性，那么，从性价比或最大价值规律的角度来讲，创设这样昂贵的环境也是不划算和不可行的。另外，整合的目的无疑是提高教育教学效果，而不是创设这样的环境。由此可见，"环境说"在理论上比较全面，但在实践整合过程中缺乏操作性和可行性。

（四）效果说

上述三种整合观，各有侧重与局限，但都没有关注信息技术与整合的效果，而信息技术与课程整合的最终目的，是提高教学效率和效果，培养创新人才，并不是为了融合，也不是为了创设环境。从这个角度出发，我们认为，"效果说"是指信息技术在教学过程中不管是用于辅助教还是辅助学，或者是用于创设教学环境，如果运用信息技术确实提高了教育教学效果，那么就认为这是一个很好的信息技术与课程整合，否则就不是，认定整合与否的标准就是效果。当然，"效果说"也有其局限性，比如效果如何评判。这个观点过于笼统，在实践中难以操作，还需要进一步研究。

二、信息技术与课程整合效果的评价

在信息技术与课程整合过程中，不仅整合观、技术观非常重要，因为它们在很大程度上决定了整合的方法，而且如何对整合的效果进行评判也是非常重要的，它是信息技术与课程整合的最终目的是否达成的判断依据。但目前对信息技术与课程整合效果的评价，无论是从评价方法还是评价内容方面的研究都没有大的进展，主要是由于教育教学的效果评价，历来是教育领域的一个难点，信息技术与课程整合的复杂性决定了整合效果的评价是非常困难的。信息技术与课程整合效果的评价之所以成为整合中的一个基本问题，是因为以下几方面。

1. 涉及整合观

如果我们能有一种比较有效的评价信息技术与课程整合效果的方法，那么，它就为准确提出整合观找到了一条途径。前面讲到的"效果说"，就会有一种比较理想的整合观内涵的准确表述。

2. 涉及整合目标的达成度

信息技术与课程整合的最终目的还是要归结到教育教学效果（即整合效果）这一点上来，所以，如果信息技术与课程整合效果的评价方法得到突破，就为检验信息技术与课程整合的目的是否达成找到了一种方法。

3. 涉及整合的效果

对于整合效果的评价，除了传统的评价内容，比如知识的获得、技能的形成等，可能更要关注通过信息技术与课程整合是否提高了学生的学习绩效（包括学习的效果、效率，学习的策略、方法）和创新能力、情感态度和价值观等。整合效果的评价所包括的这些具体内容，毋庸置疑的就是信息技术与课程整合的效果所包含的具体内容。

4. 涉及评价方法创新

对于信息技术与课程整合效果的评价，前面已经阐述过它的复杂性，目前还没有一个有效的方法来针对它进行评价，需要我们研究创新出一个（或许是一套）有效的评价方法来。对信息技术与课程整合的理论和实践进行不断的反思与提高，在借鉴传统评价方法和教育绩效评价的基础上，构建有效评价整合效果的方法与量规是我们要努力的方向。也许教育绩效评价会是一种新的有效评价信息技术与课程整合的方法，如果做到了这一点，不仅解决了信息技术与课程整合中的一个重要问题，而且也丰富了教育评价研究的方法和内容。

三、信息技术与课程整合的阶段性

事物的发展变化都有一个循序渐进的过程，都遵循一定的规律。信息技术与课程的整合，也有一个从低级逐步向高级发展的过程，即从萌芽到成熟必然有一个逐步成长的过程，表现出一定的阶段性特征。认识这种特征，有助于我们全面、完整地理解信息技术与课程整合的本质。随着信息技术与课程整合理论和实践的不断发展，有学者把信息技术与课程整合的发展历程概括为四个阶段：认识信息技术阶段、信息技术与课程的初步整合阶段、信息技术与课程的有效整合阶段、信息技术与课程整合的学习绩效阶段。这种概括凸显了信息技术与课程整合中的阶段性特征，符合信息技术与课程整合的基本发展规律，对于我们深刻认识和理解信息技术与课程整合具有非常重要的现实意义。

1. 在信息技术与课程整合的不同阶段，整合的形式与要求是不同的

在信息技术与课程整合的初步阶段，对于整合的要求不能太高，认为"使用说"在初步整合阶段有一定的合理性，原因就在于此。同理，现在我们已经进入有效整合阶段，因此会有和有效整合阶段相适应的标准与要求，若再坚持"使用说"则不合时宜。这为我们理性地分析和认识信息技术与课程整合过程中出现的一系列新问题提供了方法与指引。

2. 信息技术与课程整合要按规律、按阶段推进

既然信息技术与课程整合是按阶段由低级逐步向高级发展的，是不可能跳跃某个阶段的，这就要求我们按阶段性这个规律来制订各种类型的整合规划，进行扎实推进。当我们基本完成了本阶段应该完成的任务时，才具备了向下一个阶段逐步发展的各种条件。不管是教育管理部门还是学者、专家都急不得，

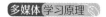

要耐下心来，做好整合中该做的事情，下一阶段自然会来临。

3. 信息技术与课程整合的长期性和艰巨性

信息技术与课程整合要逐步从认识阶段、初步整合阶段达到有效整合和追求学习绩效的高级阶段，每一个阶段都需要若干年甚至几十年的努力，全部完成这四个阶段，其前后时间跨度就会非常长；而且，每一个阶段都不会轻而易举地完成，要充分了解信息技术与课程整合的长期性和艰巨性，这是由它的规律性所决定的，我们只能按照它的规律性有计划地实施，不可跨阶段冒进，以避免给教育事业带来损害。信息技术与课程整合的水平高低在一定程度上可以代表教育信息化的水平，因为信息技术在教育教学中的运用程度是教育信息化的核心指标。所以，信息技术与课程整合的长期性和艰巨性决定了教育信息化的长期性与艰巨性。

总之，把信息技术与课程整合中这些基本的、重要的问题逐步解决了，就离我们实现教育信息化和现代化不远了。这是一个相当漫长的过程，也是一个艰巨的任务，需要在战略上认识到它的长期性和艰巨性，要按照它的发展规律逐步推进，才能一步一步地解决教学中适合于运用信息技术手段来解决的问题，提高教育教学效果，最终实现教育现代化，切不可急功近利，也不能一蹴而就。

四、新媒体有效应用的条件问题

随着信息技术的不断创新与发展，在多媒体之后，又催生了许多新媒体、融媒体，比如MOOC、翻转课堂、同步课堂和网络学习空间等，这些新媒体有的是媒体，有的是资源平台，也有的是跨界的媒体资源平台。这些新媒体在社会生活中得到广泛应用，也逐渐被引入教育领域，形成了新一轮的"媒体热"，为此我们有必要以MOOC为例来对新媒体有效应用的条件问题进行系统研究与探讨，为新媒体的教育应用提供些许借鉴。

（一）MOOC 的发展简述

2012 年，比尔·盖茨（Bill Gates）大胆预言，五年后人们将可以在网上免费获得世界上最好的课程，而且这些课程比任何一所单独大学提供的课程都要好。塞巴斯蒂安·特龙（Sebastian Thrun）教授更是大胆预言，50 年后世界上只会剩下 10 所大学在从事高等教育。内森·哈登（Nathan Harden）也预言，在学校消失前的一个阶段，我们将看到为数不多的超级大学。计算机学科领域的学者更是从技术的角度大肆鼓吹 MOOC 的神奇功能，对 MOOC 的未来发展充满美好的期待。

当我们回顾和梳理一个世纪以来多媒体教学发展的历史时，不难发现，每当一种新技术、新媒体进入教学领域时，人们总是对它抱有极大的热情和极高的期望，往往形成各种形式的浪潮，而这些浪潮所维持的时间并不长，每种新媒体对教学实践产生的影响，远远不如人们所期望的那么高。如果我们不对当前的 MOOC 加以正确分析与引导，就可能重蹈覆辙。

（二）MOOC 的成长规律与教学功能

MOOC 作为一种新的教学形式，与以往的媒体教学有相同的本质属性，遵循相同或相近的成长规律，同样具有理论教学功能与实际教学功能的差别。传播学对媒体的研究成果表明，任何一种新媒体在进入人类社会后，其被人们接受的程度都遵循"新媒体成长规律"（见图 3-1）：以时间为横轴，以人们的关注度为纵轴，形成一条随时间变化而变化的成长曲线。即当新媒体刚进入社会某一领域时，随着宣传报道的大肆渲染，新媒体的知名度无所不在，人们对它的热情与关注度迅速增长，在较短时间内达到饱和的高度。然而，随着新技术的缺点和存在问题的不断出现，人们对它的热情和关注度就会急剧下降，直至恢复到正常水平，MOOC 的发展过程亦呈现出上述成长规律。

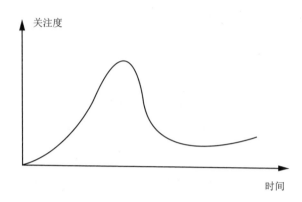

图 3-1　新媒体成长曲线

MOOC 是新媒体，也遵循新媒体成长规律，它现在处于进入教学领域的初期阶段，人们对它的关注度即将达到最大。同时，它也是新技术迅速得到采用的典型代表，印证了加特纳的"技术发展周期模型"。目前，MOOC 的发展正处于该模型的"期待高峰期"。未来，如果我们能对 MOOC 进行正确引导，充分发挥它对教学的"正能量"，MOOC 将有可能推动教育领域的一些真正变革；否则，它将不可避免地进入"期待低谷期"。

MOOC 与其他媒体一样，同样具有两种教学功能，即理想的功能和实际功能（详见本书第二章），我们在实际应用中要时刻明白理想的功能是各种条件满足状态下呈现出来的功能，而在现实中实际表现出来的功能往往没有理想的功能那么好。

（三）成功 MOOC 需要满足的条件

如果 MOOC 果真像期待的那样，从根本上颠覆传统课堂、创造出新的教学模式，对教育领域产生巨大的推动与变革作用，那么 MOOC 至少需要满足以下一些基本条件。

1. 成熟的理论来指导

MOOC 所涉及的各种技术与人员之间的关系，以及教学模式的构建等都非常复杂，需要成熟、有效的理论指导，才可能取得较为理想的效果。霍尔顿（Holton）指出：尤其让人担心的是，没有一家 MOOC 运营商雇用过曾接受过教学设计、学习科学、教育技术、课程设计等方面培训的人员，或者其他教学专家来帮助他们对课程进行设计，而是雇用了一大批程序员和教师，抱着各种目的参与到这场开放教育实验中来。至少从目前来看还没有找到或创建出适合 MOOC 的理论作为指导，特别是还缺乏基于 MOOC 的教学设计的理论与方法，这是非常让人忧虑的。没有具体、成熟的理论指导的教学探索与实践是盲目的、没有方向的，存在很大的不确定性。

2. 高素质的教师来主持

运用 MOOC 进行教学改革和教学活动，需要大量娴熟应用 MOOC 进行教学的教师，这样的教师只有达到相当比例后，在他们的引领下，MOOC 平台才可能真正推动教育教学的深层次改革。而符合这种要求的教师需要满足以下一些基本要求：一是熟练掌握教学设计的理论与方法，以指导微课程、微视频的设计；二是特别需要网络课程和 MOOC 的综合设计能力，以设计基于 MOOC 平台的网络课程；三是需要具备比较强的在线教育管理能力，以应对 MOOC 引以为豪的大规模学生；四是要有足够多的精力与时间投入，以保证 MOOC 的教育质量。

在 MOOC 的发展和成熟过程中要实现拥有大量高素质的教师绝非易事，其前提是必须对多媒体学习尤其是网络学习的特点和规律进行深入研究和整体把握；在这些规律的指导下，重新设计网络课程的学习模式、教学模式、资源开发配送模式、评价管理模式。更重要的是要应用这些理论，结合信息技术开发出与 MOOC 相适应的教师素质标准，并在此标准下培养出大量符合要求的MOOC 教师队伍，这样才有足够的教师从事和推动 MOOC 的健康发展。

3. 学生具有强烈的学习主动性与自主学习管理能力

从目前 MOOC 的大量案例中发现，对于利用 MOOC 进行学习的学生有很高的要求，否则，学生就无法完成学习任务。首先，利用 MOOC 进行学习的学生需要有强烈的学习主动性，没有这一点，利用 MOOC 的学习就无从谈起。我们面对的现实是有许多学生严重缺乏学习的主动性，教师就成了学习过程中的"催债者"。学生缺乏学习主动性的原因非常复杂，绝非通过教学设计、名师效应、教学材料设计等就能够解决。其次，学生需要有比较强的自主学习、自我规划和自我设计的能力，特别是具有对学习目标进行制订、对学习内容进行选择、对学习方法进行有效运用的能力；没有这些能力，他就不能对科学知识实现整体把握，只能是"只见树木不见森林"。特别是在大量"微视频"的世界里，学生要有如何组织一个完整的知识体系，从而形成完整的知识结构的能力，否则迷航问题、认知负荷问题也会接踵而来。

MOOC学习者不能坚持完成课程有多种因素，主要表现为缺乏相关实践、必要的课程背景知识和能力、足够的学习动力和自我控制能力等。其中，学习的主动性被认为是影响MOOC课程完成率的关键要素。由此可见，只有少数综合素质很高的学生才拥有利用MOOC进行学习所需的技能和动机，而现实已经证明，这类综合素质很高的学生通过任何形式的学习几乎都是有效的。

4. 学习者能准确评价学习结果

对于学习结果的评价在学习过程中占有重要的地位，有诊断性评价、形成性评价和总结性评价，评价活动贯穿于学习的整个过程。它既是对前一阶段学习活动的总结，以判断学习目标是否达成，学习任务是否完成，同时也是制订下一阶段学习目标、学习任务和学习方向的依据。在传统课堂教学中，学习评价是在教科书、教师和学生表现三者结合的基础上由教师来进行评判的，相对来说比较准确有效。但在MOOC课程中，大规模的学生让教师无法管理。为了解决这一问题，MOOC通常采取简单的方案——让学生相互交流和评判。这已经引起了许多专家的忧虑，显然，MOOC本身不具备评价学习结果的能力，教师又因学生太多而无法评价，而能够比较准确地进行自我评价或评价同伴学习结果的学生又微乎其微。可见，如果缺少评价学习结果这一重要环节，基于MOOC的学习其效果将大打折扣。

（四）应对MOOC浪潮的基本策略

昨天的多媒体教学热尚未散去，今天的"MOOC潮"已然形成，MOOC要想成功推动教育教学变革需要满足许多条件，需要我们做好以下准备。

1. 冷静应对，谨慎参与

MOOC 的确有不少优点，但这些优点在多大范围内有效果尚有待进一步检验，在师生互动、学校教学氛围、学习生活体验等方面 MOOC 还存在很大的缺陷。在这种情况下，如果一窝蜂地追逐这个潮流，不是持一种科学的态度，会给本已陷入困境的教育领域带来更大的损害。微视频、微课程是 MOOC 的主要表现形式，而微视频和微课程只是 20 世纪 60 年代程序教学中"小步子"的翻版或者说网络版，并没有发生根本性的变化，至少目前还没看到许多人期待的那种颠覆性的改变。所以，我们面对"MOOC 潮"时，要心态稳定，不要被宣传的表象左右，要冷静面对，积极参与相关研究，通过自己的科学思考做出正确的判断与选择。

2. 加强研究，积极引导

MOOC 既是一种新型的教学媒体，同时也是一种新型的学习和教学方式。按照现在流行的观点，它具有许多优势，如开放、免费、大规模、自主学习、学习资源丰富、学习者即教学者等，但这些优势有许多是理论上的优势，它要在实际教学中完全表现出来，还要做大量精细的准备工作，满足一系列比较苛刻的条件。更何况有许多优势是有大量水分的，是一种虚高的优势，比如"大规模"是 MOOC 的一大主要特点，而现实却是真正完成课程学习的比例仅占 10% 左右，大量的 MOOC 学习者只是旁观者、注册者。再比如"自主学习"，听起来是非常漂亮的特点，但细细分析它可能只是一个好听的噱头，因为在大规模环境下学生是否能有效进行自主学习仍缺乏证据。所以，我们应该重视对 MOOC 本质属性的研究，真正认识清楚 MOOC 的优点与缺陷，并通过专家、报刊做恰如其分的报道、宣传和引导，形成一种科学对待新媒体的正确态度。

3. 科学认识，理性期望

人与人之间信息的传播，最有效的方式还是面对面传播，在教育领域即为课堂教学传播模式。我们都有这样的经验：当要和学生讨论毕业论文选题时，导师总喜欢和学生进行面对面沟通，因为有许多内容只有面对面时才能说得清楚，而通过媒体作为中介进行沟通时总是会发生困难。众多现代教学媒体（包括 MOOC）只是在教师和学生之间增加的一种介质而已，只能做有限的事情。而它也会带来问题，特别是在大批人员参与的情况下，技术被最大化地使用而人员之间的直接交流被无限缩小，孤独和心理距离不断拉大。

如何保障 MOOC 的质量仍然是一个难题，例如 MOOC 的课程质量能否与大学课堂中开设的课程质量相媲美。与传统课堂教学相比，MOOC 的学习过程没有强制性，太容易作弊。比如许多人标榜 MOOC 的大规模互动，但绝大多数交互是盲目的、无序的。互动的主要形式是发帖，形式简单、效果差，交互的结果无法得到权威确认。

总之，MOOC 在教学中的运用除了有上述担忧外，还有课程完成率不高、学习体验缺失、学习效果难以评估、学习结果缺乏认证等许多问题，有些问题是通过研究人员的探索与努力可以解决的，也有不少问题是其本身固有而不可能解决的。更何况 MOOC 可能根本无法实现培养学生的高尚人格和社会责任感。所以，我们对 MOOC 应该持一种积极的态度，用其所长、避其所短，不要期望它能解决所有问题。

由此可见，面对 MOOC 等新媒体，即使它具有真正变革传统教学的潜力，从它产生到被熟练应用，进而对教育教学产生重要的作用与影响，也需要比较长的时间。我们要保持一种科学、严谨的态度，深入分析其本质特征和属性，在结合我国实际国情的基础上，充分利用 MOOC 的优势为教育教学服务，避免夸大 MOOC 的功能而给教育领域带来危害。

五、数字化生活中的法律与道德规范问题

早在 20 多年前，美国麻省理工学院教授兼媒体实验室主任尼古拉·尼葛洛庞帝（Nicholas Negroponte）出版了著名的《数字化生存》，它描绘了数字科技为我们的生活、工作、教育和娱乐带来的各种冲击和其中值得深思的问题。《数字化生存》中充满了种种洞见，犀利的见解使尼葛洛庞帝成为《连线》杂志最受欢迎的专栏作家，1996 年被《时代》周刊列为当代最有影响力的未来学家

之一。尼葛洛庞帝在《数字化生存》的开首中预言，信息技术将变革我们的学习方式、工作方式、娱乐方式。从当今来看，毋庸置疑，尼葛洛庞帝的《数字化生存》是对今天我们生活的最伟大预言。从比特到数字化传播再到数字化生活，尼葛洛庞帝将数字化生活的场景一览无余地展现在我们眼前。

（一）疫情硬塞给我们的长时间居家生活

在高校生活的人平常比较有规律，一般是学校、教室或家，偶尔会去出差。学校是上课和工作的地方，早上到学校上班或上课，中午一般会在学校用餐和休息，下午下班后回家。家是避风的港湾，一天的劳累或烦恼回到家里就可能一扫而光，因为家里有父母的呵护、亲人的疏导。我们留恋温暖的家庭生活，但真正长时间待在家的时间并不多，2020 年暴发的新冠肺炎疫情却把我们硬生生地留在了家里，我们不能去学校上班，不能外出购物，也不能与朋友聚会，只能待在家里，开始了真正的居家生活。

（二）在居家中体验数字化生活

突如其来的新冠肺炎疫情使我们过起了与外界隔离的居家生活，真正体验起了几个月的数字化生活，而且现在有些人还在进行中。尼葛洛庞帝眼中的数字化生活，实际上是普通生活基础上的数字化生活，而疫情中的数字化生活可以说是真正意义上的数字化生活，因为居家生活的范围大大受限，人们不能聚集、不能见面。但人们的生活基本不受影响，交流沟通、购物娱乐一样都不少，这些都是通过信息技术实现的，数字化生活就是这样不同凡响。

信息化正在改变我们的衣食住行。在"衣"的方面，依靠信息技术，可以在网上通过 3D 来挑选、购买各种服饰商品；在"食"的方面，农业信息化可及时检测与发现土壤墒情、肥力及病虫害，追溯食品来源，通过大数据提供精准市场信息，可以监控从农田、牧场到餐桌的整个流通过程，让消费者放心地消费安全食品；在"住"的方面，智慧城市、智能建筑越来越多，给人们提供了安全舒适的居住环境；在"行"的方面，我们不再用排队去售票窗口买票，通过互联网订票、改签和退票都可以在手机上搞定，随着 5G 的发展，在不久的将来，我们甚至可以不用自己驾驶，无人驾驶将成为我们出行的好帮手。

（三）数字化生活中的交流互动

电话、微信、视频、钉钉、QQ等是我们生活中的必备品，居家隔离时虽然我们不能与亲人见面、与朋友聚会，但可以通过这些信息技术工具实现每时每刻的通信、聊天，也可以举行视频工作会议或开展主题研讨活动。我们在居家生活中实现了数字化交流与互动，实现了数字化办公，开创了一种居家办公的新模式。这种数字化生活好像没有什么不对劲，而且挺新鲜。但一个月后我们便开始觉得有些无聊，一种说不出的不适，总有一种想出去走走的冲动，哪怕只是出去吸口新鲜空气或晒晒太阳。

我们在家里体验在线学习时，可以带着研究的目的去观察、体验。通过网络的授课活动，虽然师生不在一个教室里，但是可以交流与交互，也可以是教师之间的互动，等等。也许你今天不想听课，但如果是在传统教室中上课的话，你还不至于起身离开，或者在众目睽睽之下到教室外转一圈再回到教室，但在家里学习网络课程时，你可以开着电脑去干别的事，没有任何压力。数字化在线学习需要很高的情商、很强的自控力和毅力，这些高级的学习条件，学生具备吗？有多少学生具备？教师应该如何培养学生的这些能力？

（四）数字化交流离不开人际交往

人是社会性的存在，有生理类的基本需求，同时也有安全的需要、情感和归属的需要、尊重的需要、自我实现的需要。而这些高层次的需要往往又和人联系在一起，如果长时间离开人或人群，这些高级需要就无法得到满足。所以，从这个角度来讲，数字化生活也有它的局限，不是完美的。人们需要把数字化生活与面对面的人际交往恰当地结合起来，在充分利用数字化给我们带来的便利的同时，也要在恰当的时候、恰当的地点与恰当的人或人群进行有效的交流与沟通，实现人类高层次的心理需要。

学习、娱乐、运动、旅游等也属于人类的更高层次需要，数字化在这些方面也大有用武之地。比如，语音与文字的相互转换、母语与多种外语的自动翻译已经不是难题，人们可以将演讲时的语音实时地自动翻译为数十种文字语言，轻松地与外国朋友交谈。微信等社交软件的视频、传输文件、组织会议等功能，使我们的沟通交流更加便捷。搜索引擎、MOOC 等为我们了解世界、有效地学习打开了一片新天地。

（五）数字化交流需要法律与道德来规范

数字化生活有许多便利，但它同样是一种生活、交往的空间，是一种特殊的人类数字化生活空间。只要有人类活动的地方，就需要法律与道德来规范人们的行为。比如网上的信息安全问题日益突出，没有网络安全就没有国家、家庭和个人安全，没有信息安全就谈不上让信息化更好地造福人民。在信息时代，我们享受着数字化生活带来的诸多便利，但网络黑客、互联网诈骗、侵犯个人隐私等问题层出不穷。所以，我们要一起参与到信息安全的建设当中，深入思考如何才能实现信息安全，要以身作则重视信息安全问题，积极探索通过技术、教育、法律等手段解决信息安全问题，让人们更为安全地享有数字化生活。

我们在搜索网上信息时，首先要有鉴别信息的意识，看看浏览到的信息是真还是假？是否有危害？经过鉴别后，确定这些信息是安全的、有价值的，是人们需要的，然后才可以根据需要进行发布、转发。所以，网上信息的转发须谨慎，不发虚假信息，不发具有煽动性的信息。信息安全是事关社会稳定发展、事关人民群众工作和生活的重大问题，数字化生活的健康发展离不开法律法规的保障。只有健全相关法律法规，才能更好地保障数字化生活健康发展，希望我们既成为数字化生活的享受者，同时也成为信息化安全的维护者、保障者。

（六）依法治理网络空间、规范大数据的收集与应用

2020 年 12 月，中共中央印发了《法治社会建设实施纲要（2020—2025 年）》，其中明确提出要完善网络法律制度，制定完善对网络直播、自媒体、知识社区问答等新媒体业态和算法推荐、深度伪造等新技术应用的规范管理办法。加强对网络空间通信秘密、商业秘密、个人隐私以及名誉权、财产权等合

法权益的保护。

　　加强对大数据、云计算和人工智能等新技术研发应用的规范引导。严格规范收集使用用户身份、通信内容等个人信息行为，加大对非法获取、泄露、出售、提供公民个人信息的违法犯罪行为的惩处力度。疫情防控期间，人脸识别作为社会监测技术助力公共防疫，但是强制"刷脸"与事后泄露面部照片等问题也逐渐暴露出来，可能持续给个体带来经济风险和身份困扰，造成社会秩序混乱，这是值得警惕的。

第四章 🔍

多媒体学习的基本模式

◎ **本章内容概述**

　　本章的内容主要围绕多媒体学习模式展开，通过对大量文献资料的分析，梳理了国内外专家、学者对多媒体学习模式的研究现状，并对其主要模式进行了概述。在此基础上，本章重点从网络时代的场景分析人类加工信息的模式；从三个加工通道的视角探讨多媒体学习的三通道模式；从认知与传播的多学科视角考察多媒体学习的认知传播模型。对于多媒体传播模式的系统阐述，为我们准确地认识和研究多媒体学习的过程和行为特征奠定了坚实的基础。

　　多媒体学习模式是多媒体学习研究的核心，它是用一种简单的方式来刻画复杂的多媒体学习过程的常见形式，不同的学者，从不同的学科视角，针对不同的学习形态，对多媒体学习过程的描述也是不同的，从而形成了众多各有特色的多媒体学习模式（也有学者称其为多媒体学习模型）。

第一节　多媒体学习模式概述

　　迈耶提出的学习观念的三种隐喻，分别将多媒体学习视作反应强化、信息获取及知识建构。如果将多媒体学习视作反应强化，那么多媒体就是训练—练习系统。如果将多媒体学习视作信息获取，那么多媒体就是一个信息传递系统。如果将多媒体学习视作知识建构，那么多媒体就是一个认知辅助工具。一般来说，多媒体学习模型通常被概括为基于信息加工的计算机模型和基于认知加工的应用模型两大类。如卡内基·梅隆大学的西蒙教授提出的人类认知系统结构和信息加工理论是典型的基于信息加工的计算机模型，加涅关于学习的信息加工模型是典型的基于认知加工理论的应用模型。行为主义、认知主义与建构主义等学习理论的价值取向是迈耶提出的三种隐喻的理论基础。同样，这三种学习理论也适用于指导多媒体学习模型的分类与研究。用相关学习理论对多媒体学习模型进行研究，能够更为清晰地呈现多媒体学习模型的发展历史与趋势。因此，我们尝试以三种学习理论为脉络，对多媒体学习模型进行再梳理。

一、基于反应强化观的多媒体学习模型

将多媒体学习视作反应强化的观点源自行为主义学习理论。这一观点将多媒体学习视作刺激与反应之间联结的强化或形成，通过获得学习者的反应予以强化，使训练与练习得以进行。在这一过程中，学习者被动地接收信息，教师则根据学习者的行为给予奖励或者惩罚。基于反应强化观多媒体学习模型的典型代表是教学机器与程序教学模式。

教育心理学家桑代克（Thorndike）最早提出了教学机器的设想，普莱西（Pressey）首次在美国心理学年会上展示了以练习材料自动教学的机器，但并没有受到足够的关注。斯金纳（Skinner）在此基础上，根据操作条件反射和积极强化理论提出了适用于机器教学的学习材料程序化思想，使教学机器深入人心。程序教学的要义是"小步骤＋及时反馈"。斯金纳提出的直线式程序教学的五个要素是"积极反应、及时反馈、自定步调、小步子前进和低错误率"。在直线式程序教学中，所有学生以相同的程序，依次根据程序教学机器所提供的框面进行学习，学生在学习时能够控制自己的速度。克劳德（Crowder）提出的分布式程序教学，改变了所有学生完全相同的程序。只有做出错误回答的学生需要接受补救性教学，且不同学生所接受的补救性教学也不相同。但两者在本质上，都是在行为主义指导下，根据系统提示，采用强化与自我调节，以达到联结的建立。

批评者认为教学机器和程序教学的基础—反应强化观的边界条件不明确，因而可能不适用于实验室外更为复杂真实环境下人类的概念学习。但是教学机

器与程序教学模式也有其优点，如多媒体的使用丰富了学生的信息获取渠道。根据迈耶的双通道假设以及多媒体教学设计原则，语词和画面同时呈现比传统语词单独呈现的效果要好。此外，多元呈现方式及友好的页面设计都可以提高学生的学习兴趣，并降低学生学习中的外部认知负荷。同时，个性化的学习分析、诊断与反馈，能够有效提高学习者的学习效率。总之，教学机器和程序教学将多媒体应用于教学当中，催生了早期的多媒体教学与学习模式，为多媒体学习理论的诞生奠定了基础。

二、基于信息获取观的多媒体学习模型

将多媒体学习视作信息获取的观点源于认知主义的学习理论。不同于行为主义只关注外部行为，忽视内部认知过程，认知主义学派非常关注学习行为背后的内部心理机制。根据信息获取的观点，学习就是要在学习者记忆中加入特定信息。学习理论的基础是"信息是能够被从一个地方移动到另一地方的客观对象"。学习者被动地从外界接收信息并存入记忆，教师负责教学设计、呈现信息的工作，多媒体的目标就是有效呈现信息。在认知主义的早期和晚期分别出现了两种典型的信息加工模型，即加涅关于学习的信息加工模型及迈耶的双通道信息加工模型。其中，加涅关于学习的信息加工模型属于信息加工的认知主义，迈耶的双通道信息加工模型则属于信息加工的建构主义。下面是加涅关于学习的信息加工模型及其应用模式的介绍。

（一）加涅关于学习的信息加工模型

加涅在前人的学习与记忆理论，即经典的记忆三级架构的基础上，结合现代信息加工理论，提出了学习过程的信息加工模型（见图4-1）。该模型详细解释了学习过程的心理加工机制。首先，学习者的感受器会接收到来自环境的刺激，在这种刺激下，会产生神经冲动信息并被记录到学习者内部神经系统，再传导至短时记忆。经复述、加工、编码，进入并存储到长时记忆。同时，这一过程还可以反向进行，由学习者的长时记忆作用于学习环境。在这一过程中，

学习者对学习结果的期望会影响其学习动机，执行控制则会影响学习者的注意与选择性知觉、信息编码和检索提取等认知策略的运用。加涅的信息加工模型由行为主义"刺激—中间变量—反应"的模式发展为"输入—内部信息加工—输出"的认知主义模式，在对行为主义进行深化的基础上实现行为主义与认知主义的折中。

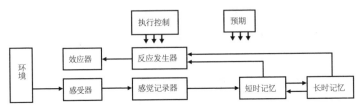

图 4-1　加涅的信息加工模型

（二）基于即时反馈的多媒体学习模式

即使在今天，也有许多学习模式深受信息获取观的影响。尤其是信息技术与移动通信技术在实际教育教学环境中的逐渐普及，使信息获取观再度焕发生机。其中，移动通信与无线网络的高传输速率使得即时反馈成为可能，个人智能移动终端的易接入与便携性使学习者选择的内容推送得以实现。

以移动通信网络、无线网络为代表的通信技术发展使得信息传输速度大大提升，移动终端的普及使这些通信技术得以服务于课堂教学。基于即时反馈的多媒体学习模式，是指学生手持与计算机相连的移动终端，参与课堂的教学、学习、测试等活动，教师根据移动终端的实时反馈数据，及时发现教育教学中的问题，并加以改进。接入无线网络的移动终端在即时反馈的多媒体学习模式中主要扮演两种角色。第一，作为信息传输与呈现工具，教师用计算机设备将上课需要用到的教学信息，如文本、图片、视频、音频等发送到学生手持的移动终端。学生则基于移动终端，接收教学信息。作为教学信息的传输与呈现工具，即时反馈的主要作用就是及时有效地呈现多媒体教学信息。第二，作为教学反馈与诊断工具，通过计算机与移动终端互联，不仅学生能从教师那里获得教学信息，教师也能及时获得学生的学习数据。教师可以根据这些数据对学生的学情进行深度分析，对教学信息呈现的设计与调整进行反馈。

典型的课堂即时信息反馈学习模式，有新加坡的基于 MobiSkoolz 系统的学习模式以及日本的基于 BSUL 环境的学习模式，两种模式均旨在通过创建支持无线网络的移动终端与计算机环境，进行无线学习，即学生在线完成作业的提交、考核、查询，教师在线完成学生考勤、材料的分发、学生反馈等，以提升教学与学习的效率。

（三）基于内容推送的多媒体学习模式

基于内容推送的多媒体学习同样得益于移动通信技术的发展与智能移动终端的普及。内容推送即指通过使用短消息、WAP 等方式，将以文字和图片为主的学习内容推送到学习者的移动设备上。这种内容推送既可以是单向推送的，也可以实现一定的交互性，如根据学习者的输入或选择动态推送内容。典型的内容推送的学习模式案例包括 MOBILearn 项目帮助 MBA、医疗保健等专业学生基于移动设备获取课程总结、考试准备及最新的专业知识等；欧洲 "From E-Learning to M-Learning" 项目中，NKI 网络学院的学生通过移动设备下载并离线学习多种课程资源；英国威斯敏斯特大学（University of Westminster）的自动回复多选短信测试系统中，测试者用短信回答教材的测试题并获得反馈，还能获得下次课程的课前准备。

迈耶认为，将学习视作单纯信息获取的观点，仅适用于帮助学习者掌握孤立信息碎片的学习目标。但是当目标可以促进学习者对材料的理解时，这种观点就不是很有帮助了。更糟糕的是，这一理论与对复杂材料的学习研究相冲突。比如当人们努力掌握系统性原理的时候，单纯的信息碎片的掌握就没有意义了，因为这时人们关注材料的意义，并基于先验知识去理解材料。因此，基于信息获取观的学习模式具有先天不足，即不能推论到复杂知识学习。但以上两种学习模式受到多种学习理论的影响，已经超脱了单纯的信息获取观的范畴。比如基于通信技术和移动终端的即时反馈模式，不是单纯地呈现知识，而是支持教师与学生的交互，并将原来许多线下教学的复杂工作转移到线上，利用移动通信技术和移动终端提升教与学的效率。内容推送模式也不仅是将教学信息呈现给学习者作为目的，而是根据学生需要提供交互选项，根据学生需要动态推送相关学习内容。总之，单纯的信息获取学习观已经不能适应当下学习的发展，但是将信息获取理论与现代技术相结合能给学习带来莫大的助力。不能仅仅看一种学习模式基于何种理论，还要看它为学习带来了什么改变。

三、基于知识建构观的多媒体学习模型

将多媒体学习视作知识建构的观点源自建构主义的学习理论。不同于信息获取观，知识建构的观点将多媒体学习视作意义获得的活动。学习者是从学习材料中主动建构一致的心理表征的意义建构者，教师为学生的认知加工提供必要的指导，具有学习促进者的身份。多媒体呈现的目标也在于给信息加工过程中的学生以指导，帮助学生完成知识意义的建构，而不局限于学习资料的呈现与内容的传递。

（一）维特罗克（Wittrock）生成学习模型

维特罗克基于信息加工理论，结合皮亚杰的传统建构主义学习理论和奥苏贝尔的认知同化理论，建构了具有认知建构特点的生成学习模型（见图4-2）。在生成学习模型中，强调学习过程中个体的主观能动性、个体与环境交互中知觉的作用以及意义的生成与建构，提出了生成学习的四种必要成分，即生成、动机、注意和先前的知识经验。对于生成学习模型的解释，同样是基于信息的输入、转换、编码和加工，不同之处在于这一过程更为具体细致。

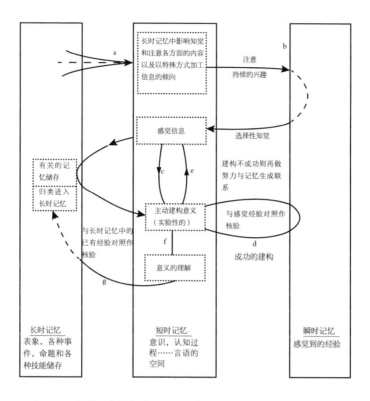

图4-2　维特罗克的生成学习模型（转引自李新成，陈琦，1998）

（二）莫雷诺（Moreno）媒体学习认知—情感模型

　　媒体学习认知—情感模型（见图4-3）不仅考虑到双通道之外的情感、动机因素会影响认知过程，而且还关注到学习者先验知识对媒体运用的影响。根据图式理论，先验知识有助于图式建构，而图式可以用来组织和存储知识，从而大大降低工作记忆的负担。此外，该模型还指出，学习者通过多媒体获得的信息进入工作记忆之后形成的是多重表征并建立心理模型，并将多媒体学习环境分为互动型和非互动型。

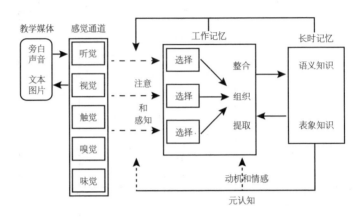

图 4-3　莫雷诺媒体学习认知—情感模型（Moreno，2007）

（三）双通道多媒体学习模型

迈耶基于双编码理论提出了多通道学习的概念，将多媒体学习视作学习者基于两种或两种以上感觉系统的学习，这种系统被称为通道。在迈耶的双通道信息加工模型的基础上，双通道多媒体学习模型还有一些发展，比如图文理解的整合模型、学习与动机的整合模型。

1.迈耶的双通道信息加工模型

迈耶在多媒体学习认知理论中提出了双通道假设、有限容量假设及主动学习假设等基本观点。他认为，学习者分别依靠视觉、听觉两个不同的信息加工通道对眼睛、耳朵所感知的信息进行表征，且每条通道的信息加工量是有限的。因此，语音结合画面的呈现方式充分利用了不同的信息加工通道，不会造成通道过载而超出认知负荷。而当文本结合画面呈现时，由于两者同时需要消耗视觉通道的认知资源就会因过载而超出认知负荷。双通道假设开创了对学习者内部多媒体学习认知加工方式研究的先河，研究焦点开始关注于多媒体学习本质的研究。此外，迈耶的双通道假设的一个显著特征是认为言语加工与图像加工两个系统之间是平行结构，两个系统形成的言语模型和图像模型在工作记忆中进行整合（见图4-4）。

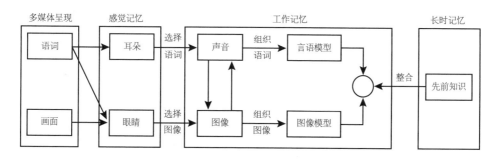

图 4-4　迈耶多媒体学习认知模型（迈耶，2006）

2. 施诺茨（Schnotz）图文理解的整合模型

施诺茨图文理解的整合模型（见图 4-5）承认双通道的学习感知系统，但在通道的言语、图像表征整合观上与迈耶的多媒体学习认知模型略有区别。他认为言语与图像分属不同的符号系统，二者的编码方式、表征形式均不同，不能基于双通道直接整合，但是两种表征系统可以通过模型架构和模型检验相互交流。学习者可以运用不同的感觉通道，利用各种外部表征，在工作记忆中将各种外部表征构建成内部的心智模型和命题表征，进而储存在长时记忆中。

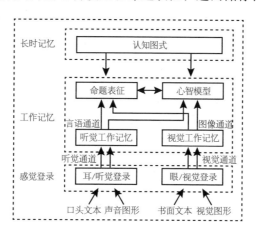

图 4-5　施诺茨图文理解的整合模型（Schnotz，2005）

3. 阿斯特雷特尔（Astleitner）多媒体学习与动机的整合模型

阿斯特雷特尔多媒体学习与动机的整合模型（见图 4-6）整合了学习者"知识基础、学习风格、学习动机与态度"等非认知因素会影响学习过程的观点，认为双通道中的各加工单元之间并非因果关系，而是相互作用的关系，并通过将多媒体学习中的动机加工活动与心理资源管理成分相结合，实现了对迈耶的多媒体学习理论的拓展。该观点相较于迈耶的双通道假设的进步之处在于考虑到了双通道之外的动机因素，但不足之处是仅考虑了动机和意志变量的影响。

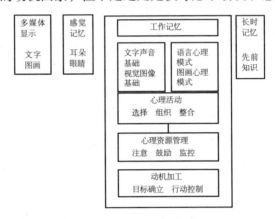

图4-6　阿斯特雷特尔多媒体学习与动机的整合模型（Astleitner & Wiesner，2004）

4. 多媒体支持的问题解决学习模式

基于问题解决的学习模式以"问题"为核心，主要让学生围绕问题展开知识建构过程，借此过程促进学生掌握灵活的知识基础和发展高层次的思维技能。这一模式常常会设置复杂有意义的问题情境，学生以协作小组的形式在解决类似真实情境问题的过程中完成对知识意义的建构，教师负责提供获取学习资源的途径和学习方法的指导。在该模式中，多媒体主要作为学生获取、处理信息和解决学习问题的认知工具。基于问题解决的学习模式主要包含五个关键要素，即问题（或项目）、解决问题所需要的知识或技能、学习小组、问题解决的程序，以及学生自身所具备的自主学习精神。

5. 计算机支持的协作学习模式

计算机支持的协作学习是指利用计算机技术来辅助和支持协作学习，学习者由计算机辅助教学的单机学习、个别化学习向基于网络的共同学习、协作学习转变。它是在计算机的支持下，通过协作的方式，利用人机交互的协同效应和计算机快速处理信息的优势来最大化共同体和个人学习绩效的一种新的学习方式。计算机支持的协作学习有着许多优点，如可以充分发挥计算机网络媒体的优势；可以增强学习者的学习动机；可以凭借协作使学习者更好地建构知识；可以培养学习者的信息能力、学习策略、社会交往技能；可以适用于学习者的校外学习、班级教学与远距离教学；等等。但这些优势是理论上的，其优势发挥的程度还受其他因素的影响与制约，需要在实践中加以明确与优化。

6. 基于互联网的在线学习模式

移动通信技术发展及智能终端的普及，恰恰在一定程度上解决了计算机支持的协作学习模式学习空间相对固定，以及与现实缺乏整合的弊端。不仅如此，移动设备的灵活、便携性，在很大程度上为交互行为和小组规模提供了较大的灵活性，促进社会化的交流和真实活动场景下的交流，提高协作学习质量。目前，在移动技术促进协作学习的信息交流、知识共享、协同知识建构等方面已有许多成功的案例。如日本东京大学的交互技术实验室组织小学生利用移动设备和 SketchMap 软件开展户外协作学习活动，不仅有效地强化了学生对地图的理解，训练了他们使用和绘制地图的能力，并且还锻炼了他们获取信息和分享信息的能力。美国密歇根大学开发出的 Pocket Pico Map 是一个以学习者为中心的移动概念图软件，用于在掌上电脑上绘制概念图。Pocket Pico Map 使用了一系列脚手架技术和搭建技术，帮助学生描述他们创建的概念和关系。实验结果表明，学生可以在课堂上独立创建概念图，也可以彼此共享概念图和参与协作学习。

综上所述，在多媒体学习模型的演进过程中，迈耶所提出的双通道假设是重要的转折点。双通道理论为多媒体语词、画面呈现分担视觉通道认知负荷提供了理论基础，极大地提升了教与学的效率。但是基于双通道假设的多媒体学习模型过于关注心理认知过程本身，而没能对学习者本身的非认知因素予以足够重视，且对在通道中信息是如何被加工的也没有做出充分的解释。当下多媒体学习中越来越多的交互行为也使得多媒体学习领域的学者逐渐关注到双通道之外的第三通道，促使通道理论逐渐走向多通道理论，基于三通道理论、多通道理论的多媒体学习模型建构逐渐成为多媒体学习领域的又一重要研究方向。

第二节　网络时代人类加工信息的基本模式

进入 21 世纪，学习者通过互联网获取各种教育信息进行学习的现象越来越普遍，由此引发人们对网络环境下人类加工信息是如何进行的思考与探索，刘世清（2000）结合网络环境的特点和促进人类学习发展的要素，在加涅的信息加工模型的基础上，提出了网络时代人类获取和加工信息的二级三循环加工模式。

一、促进人类学习过程发展的因素

纵观人类学习活动发展的历史和学习过程构成的要素可知，促进人类学习过程发展的因素主要有获取信息的工具（教学媒体）、教学信息的复杂程度和揭示学习过程本质的各种学习理论。

（一）获取和传播信息的工具和手段

从科技和媒体发展的历史可以看出，每当有重要影响的传播工具和手段被发明和应用后，人类的思维方式、学习方式就会发生一次重大的飞跃，当然人类的内部学习机制也将发生深刻的变化，这些重要的传播媒体分别是语言、文字、教科书、多媒体技术与网络技术。语言、文字的使用使我们能脱离具体事物而进行抽象学习，学习的过程较前复杂了、深入了；教科书的使用，使我们学习的对象广泛了，传播知识的范围扩大了，向书本学习的方法、思考问题的方法有了进一步的发展，呈现出多样性；多媒体技术与网络技术的出现，给人类获取信息、加工信息的方法带来前所未有的变化，这种变化将比以往任何一次都要大、都要强烈，将给人类带来全新的思维方法，我们必须对它加以认真研究，以适应新的形势。

（二）获取和加工信息的质和量

各种表征事物运动状态和规律的信息都是人类学习的对象，信息的多少及复杂程度将影响对其认知的学习过程。在人类社会早期，由于科技落后，信息量少、增加缓慢，学习认识它们很从容、较容易，而现代社会信息量剧增，给分辨信息、收集信息、学习知识带来困难，从而也要求有更高的学习技能和复杂的学习过程。

信息的质即指信息的复杂程度，简单的信息，只要简单的思维和学习便可获得，而复杂的信息则需要经过分析、综合、评价、抽象和推断等一系列复杂的过程才能获得。复杂的信息可以使脑间的联系更紧密，可以打开脑体间和脑细胞间新的联系通道，从而增强脑的功能，促进人类学习过程的完善和发展。

（三）各种学习理论指导学习过程的开展

人类为了搞清楚自身究竟是如何学习的，对学习的内部机制进行了各种各样的探索研究。由于人脑的复杂性和认识的局限性，人类对学习机制的研究只能从其外在表现着手，于是出现了各种对"学习"的解释，产生了多种学习理论，比如行为主义学习理论、认知主义学习理论、人本主义学习理论、加涅的信息加工理论、建构主义学习理论等等。它们从不同侧面、不同层次、不同深度探索了人脑的功能和学习的机制，其中许多合理成分对于我们认识学习过程，进行有效学习具有十分重要的作用。除此之外，脑科学的研究成果也有助于我们对学习过程的解释与认识。

从上面的分析可以看出，获取和传播信息的媒介、加工信息的质和量以及学习理论、脑科学的研究成果，确实会对学习过程的发展产生重大影响。我们现在又恰恰处在这三个因素发生大变动的时代，传播媒体普及之快、功能之强大超乎人们的想象，信息量的剧增和质的高深已经让人无法用传统的方法有效驾驭。那么，在这个年代，我们如何来解释学习过程呢？

二、二级三循环加工模式及其加工过程

网络时代信息究竟是如何进行处理加工的呢？研究表明，网络时代人类对信息的加工是按二级三循环的形式来进行的。信息经过二个级别三个循环的方式加工，可以用图4-7形象而直观地表示。

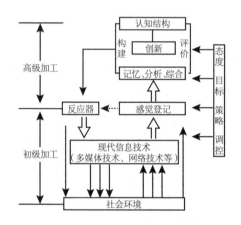

图4-7　二级三循环加工模式

社会环境中有大量的各种信息作用于现代媒体，同时也作用于受众对象。现代多媒体技术可以按照学习者的意志对这些信息进行检索、收集、整理、计算等粗加工，信息经过感觉登记的选择性接收，淘汰一部分与学习主题无关或关系不十分紧密的信息，而使学习者认为有用的信息进入大脑深层。学习者进行分析、记忆、综合，然后对结果加以评价，并重建其结构，把它融入原先已有的认知结构中去。这种融入主要是通过同化与顺应来完成的。同化是指学习者把外界刺激所提供的信息整合到自己原有认知结构内的过程。顺应是指外部环境发生变化，而原有认知结构无法同化新环境提供的信息时所引起的学习者认知结构发生重组与改造的过程。这种同化与顺应对于不同的人而言是不同的，信息进入这个加工阶段是最复杂的阶段，也是最具创造性的阶段，在不断地进行整合、融化的过程中，创新的灵感和火花闪烁。学习者要及时抓住这种闪光点，教师要善于激发和引导这种灵感的产生，创新意识、创新精神和创新能力的培养是这个阶段的核心和最高目标。

信息作用于大脑，并被加工处理后，学习者要对这种刺激做出反应，以表明自己的态度和立场。这种反应一般是在高级加工区的指导下让反应器做出的，包括反应的数量、强度、形式、策略和对象等。在网络时代，反应的对象主要是多媒体及其网络系统，也包括社会环境当中的有限部分。社会环境是以前人类受外界刺激之后做出反应的主要对象，不久将让位于现代媒体。有些反应不是通过高级加工区指导做出的，而是通过感觉登记指示反应器直接做出的，比如人受刺激后做出的条件反射。

人类和社会环境的这种信息交流是不断循环进行的，反馈信息作用于社会环境之后，学习者必然要关注环境接收反馈信息后的变化，以便再做出相应的反应，以此不断循环，直到达到目标为止。在整个信息交换加工过程中，始终有一个"灵魂"在指导、控制着加工过程的进行，这个灵魂就是学习者的态度、学习目标，以及学习的策略和调控的能力。

三、二级三循环加工模式的基本观点

二级三循环加工模式主要包含以下基本观点。

1. 信息是经过二级加工的

从环境到感觉登记是初级加工，主要是借助于多媒体技术和网络技术对信息进行一些粗略的加工，给后面的加工创造更好的条件；从记忆、分析到认知结构这一阶段属高级加工区，在这里要对信息进行确认、重构、再生。

2. 信息流动过程有三个循环

第一个循环是"环境→感觉登记→高级加工→反应器→环境"。这是我们未采用现代媒体之前常用的一个基本循环，流经这个循环的信息量将随传播技术的进步而逐渐减少。第二个循环是"环境→现代媒体→感觉登记→高级加工→反应器→现代媒体→环境"。随着信息技术的发展与完善，通过这个循环渠道与外界进行信息交换的量将越来越多，进而使这个渠道成为人类获取信息的主渠道，这将是学习史中划时代的一个转变。第三个循环是在高级加工区内进行的循环。有价值的信息经过分析、综合、评价来进行意义建构，并与原有结构

进行协调与融合。这个过程是在不断地快速进行循环加工的，一切有价值的信息再生与创新都在这个循环中完成。

3. 学习的基本目标在于构建自己的认知结构

学习者接收外界信息刺激之后，不能仅停留在把这些信息进行储存、记忆、复诵这样的层面上，而要向更高级的形式发展。学习者要有意识地指导自己把学习过程再向前推进，把新知识同化、融合到原有的知识结构中，形成自己丰富的认知结构。这是我们进行学习的中级目标。

4. 创新学习是最高级的学习过程

创新就是对未知事物及其内部关系的推断、认识，并对未知问题提出解决方案，使它得以顺利解决的过程。在这个过程中，具体问题解决了，但在解决问题的同时学习者也学到了更新的、未曾有的知识和本领。这种学习就是创新学习，它是整个学习过程中最高级的过程，也是最高级的层次。

5. 态度、认知策略对学习有重要作用

鲍比·迪波特在《定量学习》一书中指出："在学习方面，你的最有价值的财富是一种积极的态度。"态度是学习过程的定向器和动力源，正确的态度使你能克服学习过程中的种种困难，最终完成学习任务；相反，消极的态度往往使学习半途而废。认知策略是学习者借以调节他们自己的注意、学习、思维等内部过程的技能，正确的认知策略能推进学习过程的顺利进行，它是在学习的过程中逐渐培养形成的，是人类解决自身内部问题的方法与技能。

6. 学习的三种形式：实践学习、媒体学习、创新学习

实践学习，是"从做中学"，在解决实际问题的过程中学习知识、技能。它是以具体经验为基础的一种学习方法，具有影响深刻、效果良好的特点，但这种学习方式费时费力、效率低下，如实验课、社会实践课、教学实习等。媒体学习，一般是指通过教学媒体，如教科书、CAI（计算机辅助教学）软件而进行的学习，但在这里主要是指利用多媒体技术和网络技术进行的学习。当媒体不同时，适用的学习策略也不尽相同。创新不只是解决了未知问题，在解决问题的同时学习者也学到了新知识，开阔了视野。所以，创新学习是一种高级学

习形式，是在对未知事物进行探索求知，并在成功解决这些问题的过程中进行的学习。由上面的分析可以看出，现代人要进行有效的学习，必须具备以下能力：①指引如何获取信息的能力；②熟练运用媒体（多媒体与网络）的能力；③分析、综合、处理信息的能力；④意志调控的能力；⑤竞争学习的能力；⑥组建自己知识结构的能力。

四、二级三循环加工理论的现实意义

每一种新思想、新理论、新方法的提出都有它的社会历史背景，二级三循环理论的背景就是多媒体网络时代的到来，这种趋势是我们每个人都无法回避的现实，与其消极应付还不如积极去迎接。所以这一理论的提出期望在新形势下，在我们感到恐慌、茫然的时候，能对我们有所启发、有所指引。它的现实意义主要有以下表现。

1. 有助于推进人类认识自身内部世界的进程

英国心理学家、教育家托尼·布赞（Tony Buzan）在《充分使用你的大脑》一书中指出，你的大脑就像一个沉睡的巨人，但它的许多部分还未被认识和开发，我们要了解大脑是什么样的，它的结构、它的功能，它是如何记忆，如何集中注意力，如何进行创造性思维的。这些是我们迫切需要搞清楚，而现在还不清楚的内容。这个理论正是在这些领域进行探索的结果，它使人们能更全面地了解人脑的学习过程，解释学习机制，进而能有效地利用它指导人类的学习活动，为人类认识自身世界做出贡献。

2. 在一定程度上丰富和发展了学习理论和传播理论

心理学家对"学习"的解释有刺激—反应说、认知结构说、人本主义、建构主义等。随着人类对学习机制认识的深入，随着社会环境、学习对象的变化，对学习解释的理论也在不断改进和完善。二级三循环理论正是在信息量剧增、复杂程度空前提高的情况下，为适应网络时代的要求而提出来的。它客观上继承和支持认知主义学习理论和建构主义学习理论的某些观点，试图对"学习"做出更符合时代要求的解释。该理论对于人际传播特别是人的内部传播做

了较为清晰的解释，为传播学在这个领域做了有益探索。

3. 能为教学设计提供一些有益的依据

教学设计分为三个层次：以"产品"为中心的教学设计；以"课堂"为中心的教学设计；以"系统"为中心的教学设计。而前面两个层次的教学设计与学习机制有密切的联系，涉及学习目标和教学策略的制订。学习目标中应增加两个重要内容，即学习怎样学习和学习怎样思考。令人惊奇的是，这些知识大多不能在学校学到，因为它不是教学目标中的内容，试问我们究竟花了多少时间去学习怎样学习呢？学习者是怎样思考的呢？答案是完全没有。学生根本就没有学过该如何用脑，"头脑不是一个要被填满的容器，而是一把需要被点燃的火把"。该模型正是试图成为这样一个火种，使人们了解、认识信息是如何被加工的，学习是如何进行的，多媒体网络技术是如何有效地服务于我们的学习、服务于我们的信息加工的。在教学设计中，教师和设计人员应有意识地把教会学生如何学习、如何思维作为教学目标，根据信息加工的二级三循环过程合理地安排教学策略，使学生在学到知识的同时，更能学到如何学习、如何思考、如何解决问题等技能，这样才能实现提高学生综合素质、培养创新人才的教育目标。当然，这个理论还有缺陷和不足之处，有待我们去改进和完善。

第三节　多媒体学习的三通道模式

当前对于多媒体学习的认识存在多种假说，其中"通道说"是多媒体学习领域一种非常重要的观点。本节通过对多媒体学习研究历史的分析，在众多相关理论研究的基础上，提出"知觉、语义、动觉"的多媒体学习三通道假说，并对其基本观点进行了详细分析，旨在为多媒体学习中三类学习行为的整合提供理论依据。

一、对多媒体学习的不同认知

多媒体学习理论的发展为现代教育注入了新的活力，已成为现代教育不可或缺的一部分。当前对多媒体学习的认识，主要包括以下三种。

（一）媒介技术层面

媒介技术层面的多媒体学习又可以称为"多媒介学习"，是在学习活动中运用多种传播媒介呈现教学信息，运用多种媒介组合的方式进行学习，例如黑板、电影、幻灯、印刷媒体等。这种认识方式在多媒体技术引入教育领域的最初阶段占据着主要地位。

（二）呈现方式层面

呈现方式层面的多媒体学习又可以称为"多表征学习"，是在学习活动中运用两种或两种以上的表征来呈现材料。这里的表征指的是文字、图片、音频、视频和虚拟现实等外部表征。呈现方式层面对多媒体学习的认识较为直观且具有较强的操作性和测量性，因此这种观点得到了广泛的认可。

（三）感觉通道层面

迈耶在双编码理论基础之上提出了"多通道学习"的概念，将多媒体学习看成学习者使用两种或两种以上感觉系统的学习，这种感觉系统称为通道。在《多媒体学习》一书中，迈耶将通道划分为视觉通道和听觉通道，强调的是学习者接受外界材料时所用到的如眼睛和耳朵这样的感觉接收器。感觉通道层面的研究借助于信息加工认知心理学的相关理论，开创了对学习者内部多媒体学习认知加工方式研究的先河。

上述对多媒体学习的三种不同认识，从不同层面促进了多媒体学习理论和实践的发展，对多媒体感觉通道层面的认识，已经开始关注多媒体学习的内部认知过程，将焦点转向对多媒体学习本质的研究，这是多媒体学习研究领域的一大突破，为人们研究多媒体学习开辟了新的道路。然而受其理论基础的制约，感觉通道的观点存在某些局限，这些局限客观上限制了多媒体学习的进一步发展，在此背景下对"通道"的内涵进行新的界定已势在必行。

二、划分多媒体学习三通道的理论依据

多媒体学习的三通道观点是在多种编码理论的基础上提出的；同时，认知神经科学也为多媒体学习的通道划分提供了证据支持。

（一）编码理论研究

编码理论是通道研究的理论基础，不同通道将采用不同的编码方式。当前编码理论主要有以下几种。

1. 佩维奥（Paivio）的双重编码理论

佩维奥的双重编码理论认为，人类拥有两个认知编码系统，即言语系统和表象系统。这两个系统在功能和结构上均不相同，相互独立但又相互联系。言语系统采用序列加工的形式对言语符号进行加工；表象系统以同步的方式加工非言语信息。双重编码理论中存在三种加工类型：表征的、参照性的和联想性的。

2. 安德森（Anderson）的命题符号编码理论

命题符号编码理论主张无论是言语信息还是非言语信息的存储都不依赖于其表层形式，而是以抽象的命题形式进行编码的。命题既不是句子，也不是由单词组成的。相反，它是一个较为抽象的，由单词所指的概念组成的实体。某个概念的意象或言语描述来自同一个抽象系统，是从命题表征中重新构造的。

上述两种编码理论都是基于认知的编码理论，认为知觉和认知是两个相互分离的串行系统，知觉系统负责从环境中提取信息并传递给认知系统，认知系统负责对信息进行编码，强调知觉系统中未经认知系统编码的信息不能够直接进入个体的知识体系中。基于认知的编码理论则主张信息在加工系统中的重构，如命题编码理论认为任何信息都需要经过抽象的命题加工，而双重编码理论则认为无论是言语信息还是非言语信息都要经过表征性加工、参照性加工或联想性加工，无论是哪一种编码方式都需要对信息进行或多或少的语义加工。双重编码理论和命题编码理论实际上关注的都是高级认知学习活动，对于较为复杂和抽象的学习具有很强的解释性。然而随着研究的深入，人们逐渐发现了一些基于认知的编码理论无法解释的知觉编码现象。在此背景下，一种新的知觉编码理论应运而生。

3. 巴萨卢（Barsalou）的知觉符号编码理论

巴萨卢于 20 世纪末提出了知觉符号理论，知觉符号理论具有六个核心特征：①知觉符号是感觉运动系统的神经表征；②知觉符号是图解式的；③知觉符号是多模式的；④知觉符号进一步组成仿真器；⑤知觉符号系统中有多个框架；⑥知觉符号跟言语符号密切相关。从知觉符号理论的核心特征中可以看出，巴萨卢关注的编码不仅仅包括感知觉，还包括运动知觉，这两种编码产生的知觉符号都是神经表征，而不是传统编码上的认知表征。

综上所述，编码方式呈现出百家争鸣、百花齐放的局面，各种编码都有其理论和实验支持，极大地促进了对学习者内部心理活动的研究。对上述编码理论进行分析，可以看出当前存在的编码形式大致可划分为三种：知觉性、符号性和亚符号性。知觉性编码形式保留了信息原始的知觉特征，包括视觉编码、听觉编码、触觉编码等感知觉编码，也包括运动知觉编码；符号性编码形式则对信息进行完全的抽象加工，仅保留语义信息；亚符号性编码形式则是介于知觉性编码和符号性编码之间，忽略部分细节的知觉信息，仅对部分特征信息进行语义编码。由于符号性编码和亚符号性编码都是对信息进行语义加工，因此可以统称为语义性编码形式。

编码理论的研究促进了多媒体学习模型与通道研究的发展，迈耶的多媒体学习双通道就是在双重编码理论的基础上提出的。在编码理论的不断发展过程中，很多研究者致力于寻找这些编码理论的契合点，试图运用混合编码的观点解释学习者内部心理活动。编码理论的发展和丰富，为多媒体学习的通道研究指明了方向。

（二）认知神经科学理论研究

认知神经科学是由众多学科整合起来的一门交叉边缘学科，因而与许多学科都有着密不可分的联系。近几年来，EEG（脑电图）、MEG（脑磁图）和

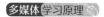

fMRI（功能磁共振成像）等技术极大地促进了认知神经科学的研究，其研究成果为解释人类复杂的认知活动奠定了基础。在多媒体学习领域，认知神经科学从不同的侧面对通道划分提供了证据支持。

1. 大脑皮质的功能定位

认知神经学专家通过对脑损伤病人的研究，揭示了大脑皮质具有以下功能，主要包括四部分：一是初级感觉区和感觉联合区，包括视觉区、听觉区和体觉区，负责感知觉活动；二是初级运动区和运动联合区，位于额叶中央沟正前方，是控制身体运动的区域；三是语言运用区，主要位于大脑的左半球，由较广的脑区组成；四是前额联合区，不接受任何感觉系统的直接输入，与感觉、运动程度无直接关系，但与皮层下中枢有联系，而且更多的是在大脑皮层各中枢间起着联合与综合的作用。

由此可见，大脑皮质的不同区域负责不同的活动，如负责感知觉的初级感觉区和感觉联合区，负责动作的初级运动区和运动联合区，以及负责高级认知活动的语言运用区和前额联合区。对大脑皮质的功能定位在一定程度上说明了感知觉加工、运动加工和语义加工各有其物理基础。

2. 长时工作记忆的多重表征与其神经机制

塔尔文（Tulving）于 1972 年对长时记忆进行划分，并于 1995 年进行补充，将记忆系统区分为五大类，即程序记忆系统、知觉表征系统、语义记忆系统、初级记忆系统和情节记忆系统。1985 年，格拉夫（Graf）和沙克特（Schacter）根据记忆过程中意识参与的程度，将记忆分为内隐记忆和外显记忆。安德森于 1980 年将记忆分为陈述性记忆和程序性记忆。斯奎尔（Squaire）于 1987 年结合认知神经科学的新进展对陈述性记忆和非陈述性记忆进行区分，揭示了两类记忆的功能和存储部位。2002 年，加扎尼加（Gazzaniga）等在斯奎尔研究的基础之上，进一步归纳总结出参与各种记忆类型的神经系统。长时记忆中的表征形式与编码是对应的，因此长时记忆的多重表征间接说明了学习者对外部信息加工时采用了多种编码方式，其加工的信息不仅局限于语义信息，还包括动作技能和知觉信息等。在多重表征系统中，动作技能有其特殊性，即其神经基础不仅局限于大脑，骨骼肌、反射通路也是动作信息加工的神经结构。

3. 知觉学习

知觉学习（Perceptual Learning）是一个新兴领域，是认知神经科学研究的热点之一。吉布森（Gibson）于1963年提出，"凡是由于训练或经历某种刺激而引起的对于这种刺激的长期而稳定的知觉改变都可以认为是知觉学习"。1991年，卡尔尼（Karni）和萨吉（Sagi）提出知觉学习表现为神经器质上的可塑性。他们在之后的研究中发现，知觉学习既可能发生在刺激特征编码较特异的信息加工初级阶段，也可能发生在信息加工的高级阶段。认知神经科学对多媒体学习多通道的划分提供了重要的证据支持，从上述研究结果中可以看出，人脑可以对知觉、语义和动作三种类型的信息进行处理，这三种信息在不同的脑区中进行编码，参与其存储的神经系统亦有所不同。

三、多媒体学习三通道的内涵

对多媒体学习通道的划分有依据信息加工系统来进行的，也有依据感觉系统来进行的。我们通过分析编码理论，提出多媒体学习是由知觉加工通道、语义加工通道和动觉加工通道等三个通道的协作来完成的。

（一）知觉加工通道（perceptual processing channel）

原有多媒体学习理论认为，认知系统中的知觉加工与语义加工是序列结构，知觉加工是对外界环境信息的选择，其输出是语义加工的输入，知觉信息必须进入语义加工系统中进行编码后才可以被存储。巴萨卢的知觉符号编码理论和认知神经科学的研究成果则否认这种观点，提出知觉加工并不是语义加工的早期阶段，而是一种独立的加工系统，其输出的信息可以直接进入长时记忆中进行存储，因而知觉加工和语义加工是一种并列的结构。

知觉通道的加工内容为外部环境中的感觉刺激，采用激活、联结的方式进行编码，编码后的信息以知觉模型的形式在长时记忆中表征。对客观事物的个别属性的认识是感觉，对同一事物的各种感觉的结合，就形成了这一事物的知觉。对知觉加工通道的研究需要以感觉为基础。按照刺激性质的不同，可以将感觉分为视觉、听觉、触觉、味觉、嗅觉等。视觉、听觉、触觉的刺激属于物理刺激，味觉和嗅觉的刺激属于化学刺激。当前多媒体学习领域的技术可以很容易地实现物理刺激的模拟，但对化学刺激的呈现则较困难，因此对知觉通道的研究主要集中于视觉通道、听觉通道和触觉通道。

外界的不同感觉刺激是以并列的形式进入加工系统的，例如视觉信息通过眼睛进入视觉通道，听觉信息通过耳朵进入听觉通道，触觉信息则通过皮肤进入触觉通道，视觉通道、听觉通道和触觉通道的刺激信号以并行的方式传输到大脑皮层的初级感觉区激活相应的细胞。在感觉联合区的作用下，三通道的感觉信息相互激活和联结，经过多次的重复则会形成稳定的神经结构，进而在头脑中形成对某一事物完整的知觉模型。由于知觉通道采用激活和联结的形式，知觉模型的形成是感觉刺激多次重复后形成的稳定的神经器质的改变，因而对意识参与的依赖性较低，只需要较少的认知负荷。

从学习类型方面看，知觉加工通道对于初级认知学习是十分重要的，它可以让学习者不需要过多的注意和加工，较为容易地产生知觉模型，进而为高级认知学习奠定基础。从学习者方面看，知觉加工通道对于低认知能力的学习者意义较大，即知觉通道这种不需要过多的意识参与的信息加工系统似乎更有优越性。虽然知觉加工通道对学习的意义较大，然而当前的多媒体学习模型往往忽略了对知觉加工通道的研究，更加关注高级学习活动的语义加工通道。本书在相关理论的基础上将知觉加工通道与语义加工通道相区分，希望能引起人们对多媒体学习中知觉通道研究的关注。

（二）语义加工通道（semantic processing channel）

在认知心理学的影响下，对语义加工通道的研究一直是多媒体学习关注的焦点。语义是指对于那些用来描述现实世界的符号的解释，其本身是不存在的，而是人为规定的。因此，它体现的是一种人所特有的高级认知活动的抽象学习。语义加工通道加工的内容为有意义的符号信息，这些信息不是来源于感觉器官的输入，而是来源于知觉通道和动觉通道。当外界信息进入知觉通道和动觉通道时，有意义的符号被识别出来进入语义加工通道中，按照一定规则被解释，经过命题编码和类比编码的形式，最终形成命题和意象进行存储。从神经机制的角度分析，当外界刺激经过传输激活大脑皮层感觉区域和运动区域后，有意义的信息会进一步激活语言运用区和前额联合区，进而形成高级认知活动。

在语义通道中存在两种编码方式，即命题编码和意象编码。命题指不依赖于符号和图像，以抽象的形式来表征事物的内在意义的一种深层心理表征。例如对句子而言，不保留音、形等特征；对图像而言，不保留具体的知觉形式，只表征其内在意义。意象是对表象的概括和总结。例如对桌子而言，意象并不保留其具体特征，只表征其大致的轮廓，这种轮廓是在对桌子这一类事物进行总结和概括的基础之上得出的。命题和意象的共同点在于二者都是对外部信息的重构，都需要意识的控制，因此会产生较多的认知负荷。二者的区别在于命题是完全抽象的，而意象则保留了一定的形象性。当信息在语义通道中传输时，其编码方式是由信息的特点、内容决定的。空间结构性强的语义信息会优先采用类比编码的形式形成意象，而时间逻辑性强的则会优先采用命题编码的形式形成命题。

（三）动觉加工通道（kinesthetic processing channel）

动觉是对身体各部位的位置和运动状况的感觉，也就是肌肉、骨骼和关节的感觉。动觉通道主要用于加工动作信息，同知觉加工通道和语义加工通道一样，该通道的加工也是以大脑为神经基础的。但除此之外，脊髓、小脑和外周神经对该通道的学习也发挥着重要作用。

动觉通道主要是针对动作技能，对动作技能的学习需要经历两个过程，即认识和操作。在认识过程中，学习者必须借助于知觉通道和语义通道的加工作用。知觉通道对输入感觉信息的加工可以使学习者对动作技能产生一个初步的感性的认识，语义通道的加工可以使学习者从思维的角度掌握动作的技巧，使感性认识进一步深化和精确，在此基础上学习者会对动作技能产生一个较为完整的认识。在操作过程中，学习者只需要在认识的指导下，完成各种动作。当完成正确的动作时，在运动器官、小脑和大脑皮质运动区会形成稳定的神经结构，进而使动作自动化。但是，从认识到动作自动化的过渡并不是一个简单容易的过程。例如学习骑自行车，虽然学习者已经清楚骑车的步骤，但实际操作中还会遇到各种问题。随着科技的发展，多媒体技术为动作技能的学习注入了新的活力，学习者在进行动作技能类知识的学习时，会将动觉信息编码成动觉模型，在此过程中运动器官上会留有动觉信息的记忆，进而使学习者产生一种最为直接的动作经验，帮助其实现自动化，有效地促进动作技能的学习。

四、多媒体学习的三通道模型

从上面的分析可以看出，人类的学习存在着三种不同的信息加工系统，分别是知觉加工系统、语义加工系统和动觉加工系统。基于三种不同信息加工系统，王晓丹（2012）提出了以三种不同的多媒体学习加工通道（即知觉加工通道、语义加工通道和动觉加工通道）为核心的多媒体三通道学习模型（见图4-8）。

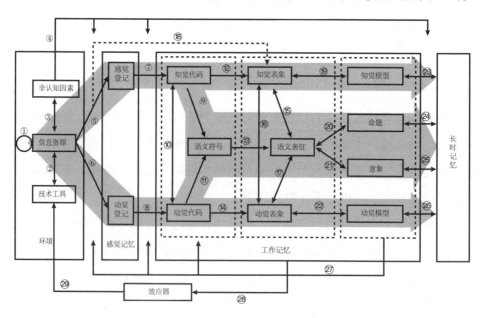

图 4-8　多媒体学习的三通道模型

　　具体来说，知觉通道和动觉通道分别负责对感觉器官、运动器官收到的信息进行编码和加工，语义通道则用命题编码和类比编码的形式加工来自两个通道的有意义信息。三通道相互独立、相互依存，形成一个并行加工系统。知觉通道提供学习内容的特征信息和学习环境的背景信息，对学习内容产生感性的认识；语义通道对知觉通道的信息进行整合提炼，使感性认识升华成理性认识；动觉通道让这种认识过程具有主观能动性。

　　知觉通道、语义通道和动觉通道是三个相互独立的并行加工系统，但三通道之间并不是相互割裂的，而是一个有机整体。知觉通道为整个多媒体学习提供学习内容的特征信息和有关学习环境的背景信息，对学习内容产生感性的认识；语义通道是在知觉通道的基础上进一步升华总结，使感性认识升华成理性认识；动觉通道赋予这种认识过程主观能动性。三个通道在构成一个整体时相互依存，如语义通道意象的形成就是在知觉通道知觉表象形成的基础上抽象概括而得的；动觉通道加工简单的动作只需要重复操作练习，但对复杂的动作技能的学习则需要在自动化过程之前借助于知觉通道和语义通道的作用而完成。

第四节　多媒体学习的认知—传播模型

　　多媒体学习过程中交互行为参与的频率已经越来越高，它深刻地改变了多媒体学习活动的本质与形态，为了更全面有效地刻画多媒体学习的过程与本质，本书在综合分析已有多媒体学习模型后，提出了构建新型多媒体学习模型的理论基础和基本要素，在三个假设的基础上构建了三通道多媒体学习的认知—传播模型，并分析了模型的基本特征。

　　随着信息技术的发展，多媒体信息呈现的多样化、信息获取快捷化已经成为当今的时代特征，极大地改变了我们的学习、工作和生活方式。运用多媒体进行教与学，运用多媒体进行传播也已经成为教育、传播、心理和图书情报等领域的研究热点。然而，随着研究的深入，多媒体的教学功能和传播效果却遭到质疑，多媒体能否促进人们的学习，能否提高传播效果成为分歧的焦点。支持者认为多媒体学习既能提高学习效率也能增强学习效果，尤其可以支持学习者理解复杂知识；而反对者则认为运用多媒体提高学习效果的功能是有限的。出现这种分歧与对立的深层次原因，主要是对多媒体学习过程、多媒体学习模型等这类核心问题还没有合理的解释，为此，迫切需要科学地刻画和构建反映多媒体学习特征和现实的学习模型，以指导多媒体教学活动和传播活动，丰富多媒体学习理论。

一、多媒体学习模型的研究背景

当前关于多媒体学习模型的研究比较多，有影响的有 20 多种，较有代表性的有：①迈耶的多媒体学习认知模型，该模型是在双通道、容量有限和主动加工这三个假设的基础上提出的，它包括选择、组织和整合三个过程；②施诺茨图文理解的整合模型，该模型认为学习者可以运用不同的感觉通道，利用各种外部表征，在工作记忆中将各种外部表征构建成内部的心智模型和命题表征，进而储存在长时记忆中；③阿斯特雷特尔多媒体学习与动机的整合模型，该模型通过将多媒体学习中的动机加工活动与心理资源管理成分相结合，实现了对迈耶的多媒体学习理论的拓展；④莫雷诺媒体学习认知—情感模型，由莫雷诺于 2007 年将情感因素引入多媒体学习的认知理论中提出，他认为动机因素会调节认知资源，进而调节学习过程。

上述四个模型从不同的角度对多媒体学习过程进行了刻画和描述，尽管其侧重点不同，模型的表述存在差异，但对深入理解多媒体学习过程做出了重要贡献。迈耶的多媒体学习模型侧重于研究双通道对学习的影响，但没有说明通道间如何整合。图文理解的整合模型是在迈耶模型的基础上提出的，认为通道间有信息交流，而不存在整合。多媒体学习与动机的整合模型则是从另一侧面考察动机、情感等非认知因素对多媒体学习的影响，强调要关注非认知因素的作用。这些模型对进一步研究多媒体学习具有很重要的指导意义，但是同时又都存在一些不足，比如四种模型都是单向的信息接收，学习由呈现刺激开始，到长时记忆中形成表征结束，没有信息反馈环节，模型中没有体现环境的作用；这些模型都是在双通道的基础上构建的，没有考虑当前非常普遍的交互行为。

总之，多媒体学习过程中的信息加工已经不仅是通过双通道来完成，当前交互学习行为在学习过程中非常普遍，多通道加工的趋势已经比较明显；同时，多媒体学习过程不仅是一个认知过程，更是一个传播过程。所以，对于多媒体学习模型的刻画不能只关注心理过程，还要重视信息的传播、学习信息的反馈与比对等重要因素。因此，从传播学、认知心理学相结合的角度提出一个全新的多媒体学习模型迫在眉睫，该模型应该以三通道、传播学理论、认知学习理论和系统科学为基础来构建。

二、新模型构建的理论基础

从前面分析多媒体学习模型的已有研究成果得知，多媒体学习是一个认知学习与信息传播的综合过程，所以，我们提出的新模型所依据的理论基础应该主要包括双通道加工理论、信息加工理论、建构主义学习理论和系统科学理论。

（一）双通道加工理论

在以阅读文本为主的学习时代，人类认知系统包含着两个截然不同的表达和处理知识的通道——视觉图像通道和声音语言通道。通过眼睛进入认知系统的图形图像，以图形图像的形式在视觉图像通道中被处理和加工；而口语语言则通过耳朵进入人类的认知系统，并在声音语言通道中以词语的形式被加工。尽管某类信息可能是通过某个通道进入信息加工系统的，但是学习者也能够根据需要转换表征方式与加工方式，从而使其能在另外一个通道进行加工。随着多媒体技术的发展，当今的学习越来越多地需要阅读多媒体材料，并且在阅读的过程中有各种交互行为的参与，为此，就需要对双通道加工理论进行丰富与拓展。

（二）信息加工理论

信息加工理论主要关注信息加工的认知结构和信息加工的过程：一方面，它依据信息在记忆系统中的流动方式和加工特点，将信息加工分为感觉记忆、短时记忆、工作记忆和长时记忆等认知结构。另一方面，在信息加工的过程中，人的心理活动是一种主动寻找信息、接收信息、进行信息编码，并在一定的认知结构中进行加工的过程，这个过程是序化的。沃尔夫（Wolf）在 2001 年指出，在过去的几十年中，最主要的记忆和学习模型就是加涅（Gagné）于 1974 年提出的信息加工模型。该模型详细分析了信息从外部环境进入大脑，一直到产生外显行为的整个过程。这个过程可以描述为：外界环境的感觉信息通过感觉器官进入人体，转化为神经信息，信息进入感觉登记器形成短暂的感觉记忆；加工系统对感觉记忆中的部分信息进行特殊的选择注意，使之进入短时记忆中，对短时记忆中信息的复述有助于加强记忆与理解；部分长时记忆中已有的规则和知识被检索调用到短时记忆中以帮助短时记忆中的信息进行编码；编码后的知识进一步进入长时记忆阶段进行存储；短时记忆或长时记忆中的信息都可以直接进行提取，由效应器实施产生反应。加涅的信息加工理论是我们构建多媒体学习过程中的认知传播模型的基础，具有重要的借鉴指导意义。

（三）建构主义学习理论

建构主义学习理论是在认知主义学习理论的基础上发展而来的，更加强调学习的主动性、建构性、社会性和情境性。建构主义认为学习者是知识的主动建构者而不是被动接收者，强调学习过程是学习者通过内部知识结构与外部环境中的信息进行交流，进而构建新知识结构的过程，学习必然发生在一定的环境中。建构主义学习理论对多媒体学习模型的构建具有重要意义：第一，对非认知因素的分析促使多媒体学习模型的构建更加关注态度、情绪等因素；第二，指出了环境对学习的重要性，进而将环境纳入模型构建中，并将外部环境加工和内部认知加工作为一个有机的统一体进行研究；第三，建构主义强调学习者是知识的主动建构者，体现了学习过程的主动加工特性。以建构主义为理论基础构建的学习模型是一个学习者个体和学习环境相互统一的系统，将弥补原有多媒体学习模型的诸多不足。

（四）系统科学理论

传统的系统科学主要包括系统论、控制论和信息论。

系统论认为系统是由两个及以上相互区别、相互作用的要素结合的、具有特定功能的综合体。每个系统都具有一定的功能；组成系统的要素相同，如果它们的结构不同则对外表现出的功能也不同；整体功能大于部分功能之和；系统必须是开放的系统；系统某一给定的状态可通过不同的方式、不同的途径达到。

控制论就是使系统按照一定的方向发展，达到预期目的的方法、原理和理论。控制论可以指导我们如何改变系统的运动状态而达到预定的状态（学习目标）；可控系统总是存在一定数量的可能状态，控制就是实现在这些可能状态中进行优化选择。为了实现最优化控制，就必须选用一种合理的测量方法和标准来定量地表征控制的有效性，这些控制要靠反馈来实现。

同理，学习活动也是一个完整的信息加工系统，由三个小系统为主干而组成，即听觉信息加工系统、视觉信息加工系统和交互信息加工系统。这三个系统中的每一个系统同样由其他更小的系统所构成，这些系统间既有区别，又有联系，形成一个复杂、有序而有效的信息加工系统。所以，对于多媒体学习模型来讲，学习过程要得到有效控制，实现预期目标，就必须设计有效的反馈系统。

三、构建多媒体学习的认知—传播模型

该模型是在以下三个基本假设的基础上提出的：①三通道假设，指人们在进行多媒体信息加工时，对视觉、听觉和交互通道的材料都有相应的信息加工通道，且这三个通道是既相互独立，又相互联系的；②"从做中学"的效果更佳，即在身体交互配合的学习环境中学习，效果会更好；③学习过程是认知过

程和传播过程的综合体，即学习过程既是认知过程，同时也是信息传播过程。

新模型的组成要素要充分体现上述三个假设，从而全面刻画多媒体学习过程，其组成要素主要有三方面：通道要素、认知要素和传播要素。具体讲有十个要素，即视觉通道、听觉通道、交互通道、感觉记忆、工作记忆、长时记忆、学习与传播环境、内传播与反馈、外传播与反馈、信息比对等。

当今科技的发展，已使"人机交互"渗透到整个学习过程中，人们在多媒体学习过程中获取信息的途径已经有多样化的趋势，目前比较明显的是动作交互。虚拟现实技术、物联网技术进一步成熟后，可能还会出现情境体验等全方位的学习交互方式。多媒体学习过程中信息获取的通道，从单通道到双通道，再到三通道或多通道，这是一个历史的必然。在分析多媒体学习模型已有研究成果的基础上，综合当前多媒体学习和多媒体传播中交互行为越来越普遍的实际，运用系统分析方法、模型法构建"多媒体学习的认知—传播模型"（见图4-9）。

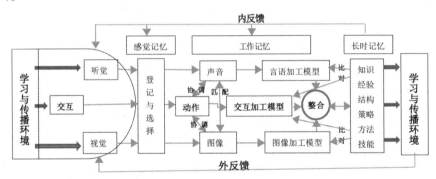

图4-9　多媒体学习的认知—传播模型

在学习环境中的多媒体信息，经由视觉通道、听觉通道和交互通道分别进入各自的加工系统进行登记与选择。被选择与登记的信息，在进入深度整合加工阶段前，这三个通道间需要彼此进行协调与匹配，以完成对认知对象的准确而全面的描述。经过协调与匹配的多媒体信息，依据图像加工模型、言语加工模型和交互加工模型被深度整合与加工，在进行整合与加工的过程中，还需要从长时记忆中抽取相关信息与被加工的多媒体信息进行比对，以符合先前的知识与经验，并把经过比对确认的认知结果贮存到已有的认知结构中。

多媒体学习过程是信息加工过程，也是信息传播过程。当多媒体信息被加工和贮存后，学习者往往要运用这些知识和信息去解决环境中遇到的相关问题，解释相关现象，所以，学习者就要对外做出反应。这些反应是多样的、多种方式的，比如动作、言语、表情甚至策略等。这些反应就作用于学习环境中，有些可能反过来再作用于多媒体信息输入端，从而形成系统外反馈。当然，在多媒体信息加工过程中，也会从长时记忆中抽取相关信息反馈到工作记忆、感觉记忆或多媒体信息输入端，从而形成系统内反馈。该模型与已有多媒体学习模型相比，具有学习与传播环境融合、信息从三条传播通道传播、内外反馈同时进行、通道间协调匹配紧密、比对机制完善等特点，其基本内容将会在下文详细加以解读。

四、多媒体学习认知—传播模型的基本特征

由多媒体学习认知—传播模型可以看出，它主要有六个基本特征。

（一）两个过程

两个过程，是指多媒体学习活动既是学习认知过程，也是信息传播与交换过程。多媒体学习的认知—传播模型是在借鉴已有研究成果的基础上，充分考虑交互式学习、学习与传播互融等现实后的结果，由许多系统所组成，具有比较丰富的内涵的模型。该模型表述了多媒体学习活动是两个过程的综合体。从教育学和心理学的角度来看，多媒体学习活动是学习过程，这是毋庸置疑的，但从传播学的角度来看，多媒体学习活动更是典型的传播过程，是内部传播与外部传播的结合体，具有重要的传播学意义。在学科深入融合，多媒体技术迅速发展的当今，迫切需要把多媒体学习这一新的学习活动从教育学、心理学、传播学和人工智能等多学科角度来综合进行研究与考察，才能更全面深入地刻画多媒体学习过程。

（二）三个通道

在多媒体学习双通道（听觉通道和视觉通道）的基础上，为了更全面地揭示多媒体学习过程，反映多媒体学习过程中交互行为的作用与影响，增加了交互通道，统称为三通道。交互是指在多媒体学习过程中参与学习活动的身体动作、手的感觉、点击、手势、触摸、表情、眼神或体验等交互行为。交互通道就是加工各种交互信息和交互体验的通道。视觉通道、听觉通道和交互通道是三个相互独立的加工系统，但三通道之间并不是完全割裂的，而是一个有机整体。视觉通道为多媒体学习者提供学习内容的特征信息和有关学习环境的背景信息，听觉通道则提供与学习内容相匹配的声音信息，而交互通道赋予这种认识过程主观能动性，以探寻对学习内容的全面而深刻的认识。

（三）信息传播与加工的四个阶段——选择与交互、协调与匹配、整合与比对、生成与操作

学习与传播环境中的信息经过感官后，在进入三个通道加工前要进行选择与登记，或者进行交互操作；进入第二加工阶段的信息之间要进行协调、匹配处理，即描述客观事物的视觉信息与听觉信息要进行匹配处理，核实视觉信息与听觉信息是不是客观事物的相关信息，是否匹配；交互信息也要与视觉信息、听觉信息进行协调，以核实主体行为动作与视觉信息、听觉信息的真实性与协调性；多媒体信息经过协调匹配处理后，将进行整合加工，在整合时要从已有知识经验中提取相关信息与新输入的信息进行比对，以验证新输入信息的真伪，来保证新加工信息是真实的，保障整合结果的科学性；多媒体信息经过一系列加工处理后，生成知识、经验并形成知识结构，但这还不是最终目标，获得知识经验以指导对客观世界的改造，应对环境的变化才是学习的主要目标。所以，就要根据实际需要对外部环境做出一系列的反馈与操作行为。该模型中信息传播与加工的四个阶段与认知加工三阶段相比是一致的，选择与交互属于感觉记忆，协调与匹配和整合与比对属于工作记忆，生成与操作属于长时记忆。

（四）学习与传播环境

已有多媒体学习模型的组成要素大多没有考虑学习与传播环境，重点关注的是学习认知过程的刻画。而多媒体技术给学习与传播环境赋予了极大的功能与前景，深刻地影响着多媒体学习的过程、方法与效果。所以，对于学习与传播环境的重视与关注已刻不容缓。在新模型中，如果只有学习环境就会显现较多的被动性，而传播环境则更多地表现出主动行为，把学习环境与传播环境相结合，凸显了对学习主体主动学习行为的重视。

（五）多媒体学习过程的内外反馈

信息的提取、传播和反馈不是单向的，而是一个多向的反馈回路，至少存在两大反馈系统，即从长时记忆、工作记忆、感觉记忆到三通道信息输入端的内部反馈系统；从交互操作输出到三通道信息输入端的外部反馈系统。当把加工过的信息贮存到长时记忆后，需要把获取这些信息时的相关资料、经验反馈到多媒体学习过程中的各个环节，起到对新信息或知识的校正与强化的作用，从而提高学习效果。来自长时记忆的信息和知识可以直接传达给效应器，也可以经过再加工传达给效应器，进而反馈到多媒体学习环境中。效应器对环境的反馈，表现为对多媒体技术工具的操作和对信息外部表征的再设计。对技术工具的操作将帮助学习者实现自定义学习步调，对信息外部表征的再设计有助于学习者利用外部表征减轻内部工作记忆中的认知负荷。

（六）多媒体信息在整合过程中存在比对环节

当新的信息进入加工系统进行整合时，一般来讲，总是要把这些新信息与已有信息或知识进行对比与鉴别，来鉴定这些新信息的真伪。这些被提取的比对基准信息，可以从已有知识和经验中提取，也可以从环境中提取。实际上，整合与比对就是一个不断交替循环的过程。长时记忆中存储着学习者过去的经验和知识，为所有学习活动提供必要的知识基础，当遇到新信息时，总是要从长时记忆中提取信息进行比对，最后才能放心地贮存并为学习者所利用。

多媒体学习的认知—传播模型为多媒体学习的理论研究奠定了基础，指明了多媒体交互行为是今后研究的重要方向和领域；依据认知—传播模型科学设计网络环境下的交互行为，有助于提高学生的学习绩效；为多媒体教与学的过程设计提供了理论依据，使充分利用三通道多媒体信息、协调发挥交互通道的作用有了可能和保证；同时，也为多媒体学习材料的设计提供了指导性策略，使得交互信息设计得更恰当，能更有力地推进多媒体学习进程，培养学生的创新能力。

第五章 🔍

多媒体学习行为与偏好

◎ **本章内容概述**

　　本章就多媒体学习过程中学生的多媒体学习行为这一核心问题开展研究与讨论。首先，集中讨论了多媒体学习行为中的三种主要行为，即多媒体浏览行为、检索行为和阅读行为，并对多媒体阅读行为的双重特征进行了重点阐述。其次，主要从指示性引导元素、内容呈现路径、界面结构三个角度探讨了多媒体学习的行为特征与选择偏好。同时，对不同背景下中学生具体的多媒体学习行为进行了较深入的研究。

　　多媒体学习过程中有各种伴随性行为，有些是无意识的，有些是与学习过程、学习心理相关的，并且往往带有一定的规律性，需要我们通过科学的研究方法加以挖掘与提炼，以丰富多媒体学习理论，为多媒体学习的实践提供有效的指导。本章中的许多内容我们只是选取了相关的结论，如果读者对研究的过程、方法或数据分析与处理感兴趣，可以阅读由浙江大学出版社出版的《中学生多媒体浏览行为研究》，它会把一些细节呈现给您，便于您对多媒体学习原理与方法的深入解读。

　　多媒体学习过程是一个复杂的信息获取、传递、转换、加工、储存和创新的过程，而这个过程主要是在人的大脑中完成的。当前，人类尽管对大脑展开了多角度、多方法的深入研究，包括现在形成的脑科学、神经科学等许多学科都在对大脑的工作机制进行大量研究，但截至目前，人类对大脑中多媒体学习机制的认识还是很肤浅的，许多研究还是通过间接推测的方式来认识大脑的信息加工过程，形成了不同的研究成果，比如信息加工模型、多媒体学习过程、多媒体认知机制、多媒体信息加工模型等等。从这些研究成果不同的名称上可以看出，它们研究多媒体学习具有不同的研究视角，却都在探讨多媒体学习过程中潜藏的规律性，而这些规律性往往外现于多媒体学习过程中的各种学习行为当中。

第一节　多媒体学习行为

简单地讲，基于阅读多媒体学习材料所进行的学习称为多媒体学习，也有人称之为数字化学习、E-Learning 等。多媒体学习过程中主要有三种学习行为，即浏览行为、检索行为和阅读行为。

一、多媒体学习中的浏览行为

对于多媒体浏览行为，不同的学科领域对其认知的重心和角度是不同的，即使同一学科领域也有多种表达形式，比如在图书情报领域就有浏览行为、网络信息浏览行为、信息用户的信息行为等等。比较有影响的观点有：王庆稳（2010）认为，网络信息浏览行为是指为满足已知或未知的信息需求，在不同节点间自由游移的目标导向或非目标导向的网上信息查寻行为。也有学者认为，网上信息浏览行为是指事先缺乏明确信息需求目标或特定意图的网上信息查寻行为。在计算机领域有用户行为、用户浏览行为等行为术语，主要是从技术的角度来进行定义或描述的。比如谢逸等（2007）认为，用户的浏览过程是通过一系列 HTTP（超文本传输协议）请求和响应构成的，可以通过分析 Log（日志）文件得出用户的浏览行为。

尽管各学科领域对浏览行为有不同的认识，但它们存在两个共同点：一是网络浏览行为（或多媒体浏览行为）是一种有目的的行为，不过这种行为的目的性比较弱；二是浏览行为都是为了满足一定的信息需求。综合上述各种观点，结合这些年来对多媒体学习过程中浏览行为的认识和理解，我们认为多媒体浏览行为是指为满足已知或未知的多媒体信息需求，在多媒体网页内或网页间有目标导向或无目标导向的自由浏览多媒体信息时所发生的各种行为。多媒体信息浏览行为主要包括：各种按钮（例如点击链接、前进、后退、刷新、收藏夹键、历史记录键、回首页键等）的使用、网页内浏览、网页间浏览、点击速度、请求内容、浏览时间和浏览内容等等。

二、多媒体学习中的检索行为

对于检索行为的研究是图书情报、传播等学科领域的热点，主要有信息搜寻行为、信息查寻行为、信息检索行为等等。随着网络技术和多媒体技术的迅速发展，在教育与计算机领域又出现了网络信息检索行为和多媒体信息检索行为等新名词。初景利等（2002）把信息查寻行为定义为信息用户因为感知到需求而采取的相关信息查寻策略，并通过一系列外在的信息活动表现最终获得所需信息的整个过程。邓小昭（2003）认为，因特网用户的网上信息检索行为是指通过特定的网上信息检索工具来满足特定信息需求的行为。李法运（2003）认为，网络用户检索行为指用户为获取所需信息，在与网络互动过程中所采取的一系列身体活动和心理活动。也有学者认为，网络信息检索行为是指用户在网络环境下，运用一系列网络检索工具查询用户所需信息的行为。

综合不同学科领域专家、学者的研究成果，可以看出多媒体信息检索行为与传统信息检索行为相比具有一系列特点：多媒体信息检索行为是在与网络互动过程中表现出来的系列行为；多媒体信息检索行为的发生伴随着一系列检索工具的运用；多媒体信息检索行为的发生是为了查寻特定的多媒体信息，并且有明确的检索目标。我们认为，多媒体信息检索行为是指学习者为了满足特定的信息需求，有明确的检索目标与要求，通过各种网络信息检索工具，利用比较有效的检索方法和策略，来检索获取多媒体信息时所表现出来的各种行为。多媒体信息检索行为主要包括：重构检索式、布尔操作符的使用、短语的使用、使用搜索引擎的类型与数量、链接的数量和类型、检索类型、检索策略、锚定行为、检索结果的评价和检索周期等。多媒体信息检索行为受年龄、性别、经验、认知类型、自我效能感等因素的影响，其表现形式与侧重点因人而异，因检索对象不同而不同。

三、多媒体学习中的阅读行为

经过信息浏览和检索之后，学习者就要对感兴趣的、符合浏览和检索目标的多媒体信息进行全面提取，这就进入阅读过程。Tan 等（2006）认为阅读是读者对文本内容进行猜测的过程。伦普（Lumpe）认为，阅读是一种认知过程，是针对符号的操作，是一种理解意义的过程。传播学领域有学者认为，阅读是人从符号中获取意义的一种社会行为、实践活动和心理过程。尽管不同的领域对阅读的定义不同，但都认同阅读是对文字符号、多媒体符号进行的有意义的解释与处理。因此可以说阅读是指读者主动从媒介所提供的多媒体符号、信息中获取意义的一种社会行为、实践活动和心理过程。数字化阅读、电子阅读、网络阅读、手机阅读等，这些基于数字技术和多媒体技术的阅读都属于多媒体阅读，从读书到读屏，多媒体阅读体现着视、听、读和交互四个层面的深刻含义，具有便于查寻、贮存、开放共享、非线性阅读等特征。

学习者在阅读过程中所表现出来的各种行为即阅读行为。它是指学习者在阅读时主动从媒介所提供的信息中获取意义的一种能动反应，它包括外在行为和内在行为。在图书情报领域，有学者研究用户信息行为时，没有明确将之分为浏览、检索和阅读，而是把这三者融合在一起来进行研究。大多数学者认为网络用户的信息行为是指网络用户在信息需求和学习动机的支配下，利用网络工具进行网络信息查询、选择、利用、交流和发布的活动。

在进入多媒体时代的当下，多媒体阅读已经成为一种非常重要的信息获取方式，它既是心理学领域，也是教育学、传播学和图书情报领域研究的前沿问题。我们认为多媒体阅读行为是在对多媒体材料上所承载的信息进行获取的过程中所表现出来的一系列行为的总称，它为多媒体信息的深度加工提供了条件与保障。多媒体阅读行为主要包括标记、复写（默写）、默读、复制／粘贴、下载、编摘、制作电子文摘等。

四、三种多媒体学习行为之间的相互关系

多媒体学习行为主要有浏览行为、检索行为和阅读行为，它们共处于多媒体学习过程中，尽管这三种学习行为的出现在时序上有先后，在功能上有不同，但它们之间又有紧密的联系。

（一）多媒体信息检索行为与浏览行为之间关系

多媒体信息检索行为与浏览行为之间的关系可以从两方面加以阐述。

1. 多媒体浏览行为与检索行为是两种不同的学习行为

多媒体信息浏览行为与检索行为之间的区别主要体现在信息查寻的目的性和工具性两方面。邓小昭（2003）曾将网上信息检索与信息浏览的主要区别概括为以下四方面：因特网用户需要明确表达信息需求；须借助具体的网上信息检索工具如搜索引擎；须遵循网络信息检索语言规则；容易通过反馈、修改等人机互动方式来调整查寻策略。利布舍尔（Liebscher）将浏览行为描述为相对于复杂布尔逻辑的另一种选择，浏览行为可以追踪简单的、大范围的问题。萨洛蒙（Salomon）认为，浏览是为了发现与确认目标而进行的信息查寻行为，用户经常使用一些非正式且较具有启发性的策略。王庆稳认为，检索与通过输入关键词或是构建布尔逻辑表达式的查寻策略相对应，这种策略可称为正式的查寻策略。而浏览与检索相比则是一种用户不具有明确查寻目的的策略，或对特定关键词或某些学科内容不熟悉时，发生的一种旨在进行探索或确认的行为。

无论是哪一种观点，对检索与浏览这两种信息查寻行为的基本看法都有相同点：检索是一种有明确目标、有计划、能清楚表达信息需求的信息查寻行为；而浏览是没有具体信息需求目标或难以清楚表达信息需求的较随意的信息查寻行为。这里需要强调的是，浏览行为可能缺乏明确目标，也可能没有计划性，但这并非意味着它就不具有目的性，只是与检索相比其目的性比较弱罢了。我们认为，从泛目标式的网上多媒体信息浏览到有明确目标的网上多媒体信息检索，从随意的、轻松的浏览到运用检索工具、有一定压力的多媒体信息检索，就是学习者网上多媒体信息浏览行为与检索行为的根本区别所在。

2. 多媒体学习中的检索行为与浏览行为往往是交织在一起的

多媒体学习过程中，在进行多媒体信息浏览时会有检索，而在检索时也需要浏览，检索行为与浏览行为交织在一起。当学习者浏览多媒体信息时，起初他可能没有明确、具体的信息需求与目标，在浏览过程中会不断寻找适合自己需要的各种信息。当浏览到自己感兴趣的信息，而这些信息还不完全或不能满足自己的信息需要时，就需要信息检索，运用信息检索工具来有目的地、有效地满足自己的信息需要。

学习者的信息检索活动也不可能只是信息检索这种单一的事件，当他检索到信息目标物时，就需要对信息目标物进行大致的浏览，以确定这些目标物上的多媒体信息是否符合自己的需要。可见，没有浏览活动的配合，检索活动是不能继续进行下去的。浏览行为与检索行为往往交织在一起，在浏览中有检索，同时在检索中也需要浏览来为检索提供更明确的信息需求目标与检索方向。它们共存于浏览／检索活动中，一起同行，直到达成信息需求的总目标。这也是许多学者不区分信息浏览行为与信息检索行为，而是把它们统称为信息查寻行为的原因。

（二）多媒体信息浏览／检索行为与阅读行为之间的关系

1. 多媒体信息浏览／检索行为是阅读行为发生的基础和前提

阅读行为总是面对一定的阅读对象发生的，而阅读对象不会凭空而来，只有通过浏览／检索才能获得。所以，没有浏览／检索就不可能有阅读，也就不可能有阅读行为，多媒体信息浏览／检索行为是阅读行为发生的前提。只有发生有效的浏览／检索行为，阅读行为才可能健康、有序、有效地进行。从这个角度来看，多媒体信息浏览／检索行为是阅读行为有效发生的重要基础。

2. 多媒体信息阅读行为是浏览／检索行为的继续和发展

一般情况下，学习者的浏览／检索行为与阅读行为往往是一个连续的过程，它们密切联系在一起，当浏览／检索到目标对象后就自然要进入阅读，以获取多媒体上所承载的各种信息，进一步确认这些信息能否满足他的信息需求。所以，一般情况下浏览／检索之后一定是阅读。但不健康的浏览习惯可能会影响阅读的正常进行，比如有些学习者在长期不良浏览习惯的基础上，对大多数的阅读对象只是不求甚解式的随意浏览，很难进入"深阅读"，已经形成了"习惯性浅阅读"。也就是在浏览行为向阅读行为转换的过程中发生了障碍，导致多媒体信息获取只停留在浏览环节，不能实现"深阅读"。由此可见，浏览/检索行为与阅读行为之间的顺利转换是非常重要的，只有实现了这种转换才能达到阅读的目标。从这个角度来看，阅读行为确实是浏览/检索行为的继续和发展。

（三）多媒体信息浏览/检索行为与学习动机之间的关系

1. 学习动机决定多媒体信息浏览/检索行为发生的程度

如果学习者没有学习动机，就不会有明确的学习目标，那么他的学习行为至多也就是浏览行为。因为没有明确的学习目标就不可能发生有效的检索行为，也就不可能获得有用的、可供阅读的多媒体信息对象。如果学习者有强烈的学习动机，有明确的学习目标，就会大大推动多媒体信息浏览/检索行为的发生。学习动机是学习者产生持久学习行为的内动力和源泉，学习动机的强弱决定多媒体信息浏览/检索的持续进程，决定多媒体信息浏览/检索行为能走多远。

2. 多媒体信息浏览/检索行为的有效性影响学习动机

有效的浏览/检索行为会获得更多有用的多媒体信息，这会增强学习者的信心，他会在此基础上，不断地进行新的浏览/检索，以取得更大的战果；相反，如果浏览/检索行为不当，他就不能及时、有效地获得有用的多媒体信息，学习者的自信心就会受到打击，进而怀疑浏览/检索技能与方法，甚至动摇学习的信心、削弱学习动机。所以，学习动机与多媒体信息浏览/检索行为之间是一种正相关的关系，教师需要及时、不断地去加强和维护这种关系。

第二节　多媒体阅读行为的双重特征

多媒体阅读行为的内在表现反映的是读者的心理活动，而外在表现是读者表现出来的各种行为，反映读者、读物及相互作用的社会特性。因此，我们将从心理认知和社会特征两个维度对多媒体阅读行为进行分析，总结提炼出多媒体阅读行为的双重特征。

一、多媒体阅读行为的心理认知特征

多媒体阅读行为的心理活动包括读者对读物进行感知、注意、记忆、思维等的认知过程。研究多媒体阅读的心理活动特征，能使我们更好地把握多媒体阅读行为在信息时代下所表现出来的新特征。

（一）符号感知的多媒性

传统的纸质文本阅读包括文字、图画、图表、插图等认知符号，而现今的多媒体阅读则包含了大量的文字、图形、声音、动画、视频等元素，网络、通信、多媒体技术的发展更是加剧了阅读的多媒化，从一维、二维到多维立体，从静态到动态，从概括抽象到具体形象，提供了更多类型的认知符号与表现方式。神经学家加里·斯摩尔（Gary Small）凭借专门的检测仪器显示大脑成像，发现与网络新手相比，经常进行网络阅读的个体，大脑活动区域更广。多媒体阅读有助于读者对多元认知符号的感知，以多形态化的方式将人类的感觉综合挖掘出来，在阅读过程中调动各种感官一同参与，促进大脑潜力的开发。

（二）注意维持的短暂性

在阅读活动中，思维活动的专注能有效排除和抑制阅读主体以外的干扰，促使思维活动朝着深刻和完善的方向发展。研究发现，传统阅读通过排版方式设定了阅读的方向和顺序，阅读是循序渐进、由上而下的过程，人的注意总体呈现线性的特征。而在多媒体阅读时，人们的注意是以"链接"的方式，呈现发散、跳跃、快速的特点。数字化、网络化媒体下的超链接、检索、推送等方式改变了传统文本培养起来的连续阅读的习惯。阅读顺序的改变，使得读者的注意力经常发生转换，干扰了对阅读的专注。人一旦习惯了这种"链接"阅读，就很难保持足够的注意力坚持长时间看书。

（三）信息处理的多通道性

理查德·迈耶提出了多媒体学习认知模型的双通道假设：人拥有两个独立的信息加工通道，即视觉／图像加工和听觉／言语加工双通道。多媒体呈现使

读者的短时记忆中同时保存相应的言语表征和画面表征，这一过程是形成概念理解的重要步骤，使读者的信息理解和知识建构获得了双通道的感知与整合。同时，视觉／图像加工通道开发了大脑右半球的潜能，促进直觉思维、形象思维、综合思维的发展。随着研究的深入，也有学者提出还存在更多通道的假设，拓展了多媒体阅读的双通道模型。心理学的测试也表明复合通道的阅读效果通常优于单一通道的阅读效果。

（四）记忆加工的高效性

信息爆炸的时代，人们在阅读的时候，面对海量资源，大脑的处理机制开始由"接触—理解—反应"模式转变为"扫描—反应"模式。凭借搜索工具，大脑从记忆大量精确内容转变为快速分析页面、提取主要信息、记忆和索引更多关键字的模式。因此，从阅读行为反应上来看，人在阅读的时候，从一个资源跳到另一个资源，很多时候眼睛只关注关键词。短时记忆加工的速度明显加快，在信息的冲击下，往往会挑选容易实现的目标进行阅读，反映了追求速度的求浅心理。当前多媒体阅读中出现的"浅阅读"现象符合浏览式、跳跃式、索引式的阅读模式，从大脑对信息的快速选择与处理来看，可以解释多媒体"浅阅读"行为不求甚解的含义。

（五）思维理解的浅层性

从阅读的广泛性、深入性、专注程度和思考深度等角度进行划分，可分为深阅读和浅阅读。在深阅读过程中，人脑充分运用相关信息进行一系列复杂的、积极的思维活动。通过判断、推理、分析、综合等阅读策略，进一步提升理解力、批判力与创造力。媒体的多样性、信息的泛滥，迫使人们在多媒体阅读时采用随意性、碎片化、直观化的阅读模式，人们的思维转变为碎片化、浅层化的方式，往往导致记忆力、判断力或思考能力下降，从而失去对阅读内容的深度思考、分析、判断与自省。斯坦福大学的一项研究表明，和一心一用者不同，这些人在进行阅读时，倾向于简单接受，过滤信息的能力变得较差，难以从中遴选出有价值的内容。

二、多媒体阅读行为的社会特征

多媒体阅读行为不只与阅读和阅读内容相关,也与阅读发生的社会环境有关,多媒体阅读行为往往反映了一定的社会环境的特性,以及社会环境与读者、阅读内容之间的相互关系与特征。

1. 在阅读符号上,体现了读者理解多媒体内容的视觉性

传统阅读中文本符号具有抽象性,读者通过联想、想象、理性、反思与作者进行深层次的心灵交流和沟通,达到人们追求理性、满足情感的精神需求。多媒体阅读中很大一部分是以图像、视频、动画等形式呈现,这些认知符号具有浅显、形象、直白的特点,通过视觉感知,满足人们追求感官刺激的、浅层次的精神需求。譬如现今人们更多的是通过观看影视来完成对名著的欣赏,逐渐习惯了用视觉符号来阅读、理解内容。因此,文本符号的视觉化,强化了多通道的意义建构,一方面,它能化难为易、化静为动,降低认知难度;另一方面,过多的感官刺激与对画面理解的具体化,使读者缺乏对原有作品深层次、个性化的审美体验。

2. 在阅读过程中,体现了读者对话多媒体内容的社会性

多媒体阅读与传统文本阅读一样,通过文本,承载作者的见解、意愿去影响读者。因此,阅读过程体现了人与文本、人与人之间的立体的对话关系,但是多媒体阅读则进一步加强了对话的多重关系。多媒体阅读中人与文本的互动不仅体现在文字、图像等静态符号上,也拓展到视频、动画等动态符号上。如视频的弹幕技术是在视频的一个特定时间点,在相同时刻发送具有相同主题的评论,实现视频阅读过程中多人对话的实时互动。微信等社交平台的阅读,不仅是人与内容的互动,更是人际网络的交流和情感的维系。多媒体阅读使阅读由个体的、自我的个体特性向交往的、对话的社会特性转变,使个体的学习真正成为社会性学习,有利于知识的传播与创新。

3. 在阅读行为上,体现出读者多媒体阅读行为的受控性

丰富的网络资源使信息传播穿越时间、空间,打破了人们思想的局限,营造了开放的阅读环境,读者打破国家、民族、种族、阶层限制,随时随地自由

地获取信息资源，实现了人人享有阅读的平等权利以及读者在多媒体阅读过程中行为的主动选择。但同时，在多媒体阅读中，受阅读内容、阅读方式和多媒体界面的限制，在阅读选择、阅读行为、阅读思维等多个方面呈现被动受控的特征。

（1）读者的阅读选择受控

受多媒体文化产业商业性的影响，阅读内容、阅读方式呈现高度的趋同性，加上缺乏健全的信息把关机制，造成信息不受限而自由流动。不管读者愿不愿意接受，都不加过滤地传递过来。因此，读者面对信息的大量涌现，虽然表面上看似进行了自由选择行为，实际上往往无从选择。

（2）读者的阅读行为受控

读者在阅读的时候，受多媒体设备影响，其行为特征也呈现统一化、模式化的趋势。例如，目前流行的智能手机阅读，人们呈现的普遍阅读姿势是食指或拇指不停地做规律性的运动，程序化地做着刷新状态、点击、跳转等行为，或吟或诵的传统阅读下的个性化阅读特征逐渐消失。

（3）读者的阅读思维受控

由于多媒体阅读过程依赖搜索工具，人们思考问题、解决问题的模式正在发生改变。当读者在阅读中遇到问题时，不管是简单还是复杂、具体还是抽象，通常想到的解决方法倾向于先搜索，而不是先运用阅读策略进行思考。读者依靠功能强大的搜索引擎，寻找思路与解决策略，阅读耐心正在减弱，探究问题深度原因的兴趣正在减少，解决问题越来越模式化。

4.在阅读作用上，体现了多媒体内容对读者影响的两面性

多媒体阅读给读者带来的功能比传统阅读更强大，它以显著的优势，改变着人类学习知识与传承智能的方式。就阅读个体而言，多媒体阅读具有的丰富表现力，降低了阅读者的认知难度。它的互动性，拓展了阅读的深度与广度，提高了阅读者的兴趣与学习效率，增强了阅读者的主动性，也为创新提供了条件。阅读的便捷性、社会性，有利于学习型社会的形成。同时，多媒体阅读又会给读者带来一些负面影响。首先，多媒体阅读的丰富性，使越来越多的人流

连于微信、微博、社区等平台，长此以往将形成浅阅读，造成阅读思维能力、注意力的下降，无法有效地进入深阅读状态。其次，多媒体阅读认知符号的多元性，使人的思想、情感容易沉浸在虚拟世界中，可能会破坏人们正常的社会交往和健全人格的形成。

第三节　多媒体浏览行为特征

本书作者研究团队在全国教育科学规划课题的基础上，分别以指示性引导元素、内容呈现路径和界面结构为主要研究变量，以眼动实验方法研究了中学生多媒体浏览行为，并从中探寻多媒体学习的行为特征。鉴于篇幅和知识体系完整性的考虑，本节只选取一些相关的研究结论，如果需要详细了解研究过程、方法和数据等，可阅读由浙江大学出版社出版的《中学生多媒体浏览行为研究》。

一、基于指示性引导元素的中学生多媒体浏览行为特征

多媒体教学界面中包含众多表达各种复杂信息的多媒体元素，学习者通过这些多媒体元素进行学习时需要消耗更多的认知资源，可能给其带来巨大的认知负荷。因此，在多媒体学习中，如何科学地引导学习者的注意和信息加工，并尽量减少其认知负荷就显得尤为重要。如果把重要的视觉信息通过下划线、箭头、颜色和加粗等指示性方式去引导学习者，能否促进学习者对知识的加工、理解，并顺利推进问题的解决呢？通过对多媒体学习材料中的指示性引导材料进行眼动实验，以实验数据的统计结果为基础，结合眼动实验的基本原理与眼动数据的统计意义，我们可以得出中学生多媒体浏览行为具有以下基本特征。

1. 中学生对指示性引导元素的注视程度存在差异

中学生对学习材料的注视程度主要反映在注视时间和注视点个数这两个指标上。从实验数据的分析来看，中学生对五种指示性引导元素在注视时间上存

在差异，其中对"箭头"的注视时间最长，而对"加粗"区域的注视时间最短。进一步对指示性引导元素进行事后多重比较，发现在注视时间上，"红字"和"红斜体"显著小于"箭头"，而"箭头"和"下划线"的注视时间接近同一水平。由此可见，在注视时间上，五种指示性引导元素可分成三个层次：第一层次是"箭头"和"下划线"；第二层次是"红字体"和"红斜体"；第三层次是"加粗"。

2. 中学女生对指示性引导元素的注视程度普遍高于男生

注视时间的统计结果表明，性别的主效应显著，$p=0.039<0.05$，说明男女生对于不同的指示性引导元素，在注视时间上存在差异。从事后多重比较结果中可以得出，在指示区注视时间上，女生的注视时间显著大于男生（$p=0.039$），说明在注视时间上女生普遍高于男生。

3. 中学生的学习成绩与指示性引导元素上的注视次数呈正相关

统计结果表明，成绩和指示性引导元素的检验概率值 $p=0.000<0.001$，这说明成绩和指示性引导元素在指示区注视点个数的主效应极其显著。对成绩和指示性引导元素做事后多重比较发现，在学习成绩类型上，学习成绩差的学生在指示区的注视点个数显著小于成绩中等（$p=0.001$）和成绩好（$p=0.000$）的学生，这说明学生成绩优劣与其在指示性引导元素上的注视点个数呈正相关。而两因素交互项"成绩 × 性别""成绩 × 指示性引导元素"和三因素交互项"性别 × 成绩 × 指示性引导元素"的检验概率值均大于 0.05，说明它们之间的交互作用不显著。

4. 指示性引导元素在引起学生注意力方面表现不同

首次进入时间的长短，表明读者对多媒体元素的感兴趣程度。也就是说，如果读者的视线进入某个多媒体元素的时间短，就表示读者对这个多媒体元素更感兴趣。从实验数据可以看出，五种指示性引导元素在首次进入时间上存在差异，被试的首次注视进入箭头区域的时间最短（0.728 s），其次是红字斜体（1.120 s）和下划线（1.442 s），首次注视进入加粗区域的用时最长（2.645 s）。这一特征说明箭头最容易引起中学生的兴趣，其次是红字斜体和下划线；相对而言，加粗和红字体吸引中学生的效果较差。

二、基于界面结构的中学生多媒体浏览行为特征

多媒体界面是学习者从多媒体学习材料中获取、传递信息的中介，它由各种多媒体信息元素通过一定的时空位置关系构成，即形成了一定的多媒体界面结构，不同的结构类型可以引起学习者不同的浏览行为。我们通过眼动实验测量中学生浏览多媒体界面时的注视时间和注视点个数等眼动指标。注视时间是指所有落在特定兴趣区域的注视点时间的总和；注视点个数是指被试在某个兴趣区或在某个兴趣区组中的注视点总个数。中学生多媒体浏览行为具有以下一些特征。

（一）中学生浏览文字区的行为特征

1. 中学生浏览左图右文结构中的文字区最多

四种图文界面结构在文字区注视时间和注视点个数上存在差异，其中"左图右文"结构的文字注视时间均值最长（6.946 s）、注视点个数均值最多（32.27个），"左文右图""上文下图""上图下文"结构的文字注视时间和注视点个数依次减少。总之，"左图右文"结构的文字注视时间最长、注视点个数最多，而"上图下文"和"上文下图"的文字注视时间最短、注视点个数最少。

2. 中学女生在文字区上的注视时间显著大于男生

对四种图文界面结构文字区的注视时间进行统计分析表明，性别的主效应极其显著（$p=0.000<0.05$），不同性别中学生之间对文字区的注视时间存在极其显著的差异，表现在性别上，女生在文字区上的注视时间显著大于男生。

3. 在城乡三类学校中，城市学校学生更关注文字区

实验数据分析表明，城镇三类学校间的主效应显著（$p=0.023<0.05$），城市学校学生浏览文字区的注视时间显著大于城乡学校学生。

4. 性别和城乡在文字区注视时间上存在交互影响

"性别 × 城乡"的检验概率值 $p=0.011<0.05$，说明性别和城乡在文字区注视时间上存在显著的交互作用，主要表现为城镇学校和农村学校女生在文字区上的注视时间显著大于男生；城市学校男生在文字区的注视时间又显著大于城

镇学校的男生。

5. 对于成绩中等的学生，农村学校的学生在文字区上的注视时间和注视点个数最多

对"成绩 × 城乡"两因素交互项进行检验，其检验概率值 $p=0.034<0.05$，表明成绩和城乡在文字区的注视时间和注视点个数上存在显著的交互作用。对于成绩中等的所有学生来说，农村学校的学生在文字区的注视时间和注视点个数显著多于城市学校和城镇学校的学生。

6. 在文字区注视个数上，成绩好的女生显著多于成绩好的男生和成绩差的女生

经检验，"性别 × 成绩"的检验概率值 $p=0.015<0.05$，说明性别和成绩在文字区注视点个数上存在交互作用，成绩好的女生在文字区的注视点个数显著多于成绩好的男生。对于所有女生来说，成绩好的学生对文字区的注视点个数也显著多于成绩差的学生。

7. 性别、成绩和城乡三因素间存在显著的交互影响

"性别 × 成绩 × 城乡"的检验概率值 $p<0.05$，表明在文字区注视时间和注视次数上，这三因素之间的交互作用显著。具体表现在：对于城镇学校成绩好的和中等的学生来说，女生对文字区的注视时间和注视点个数都显著大于男生。对于学习中等的女生来说，农村学校女生文字区注视时间和注视点个数显著大于城市学校女生。对于农村学校成绩中等的学生来说，女生对文字区注视时间和注视点个数都显著大于成绩中等的男生。

（二）中学生浏览图片区的行为特征

1. 中学生浏览"上文下图"结构中的图片区最多

四种界面结构在图片上的注视时间和注视点个数存在显著差异，其中"上文下图"结构的图片注视时间均值最长（2.351 s），注视点个数均值最多（10.51个），"左文右图""上图下文""左图右文"结构的图片注视时间和注视点个数依次减少。总之，"上文下图"结构的图片注视时间最长、注视点个数最多，而

"左图右文"的图片注视时间最短、注视点个数最少。

统计结果表明，界面结构的检验概率值 $p<0.05$，说明主效应显著。对界面结构进行事后多重检查可以得出：在界面结构上，"左图右文"的图片区注视时间显著小于"上图下文""上文下图""左文右图"结构的图片区注视时间。

2.农村学校的学生浏览图片区的注视时间和注视点个数最少

两因素交互项"成绩 × 城乡"的检验概率值 $p<0.05$，说明成绩和城乡在图片区注视时间上存在交互作用。对交互作用项做简单效应分析可以发现：对于成绩中等的学生来说，农村学校的学生图片区注视时间和注视点个数显著小于城市和城镇学校的学生。

3.性别、成绩和城乡在图片区注视点个数上存在交互影响

三因素交互项"性别 × 成绩 × 城乡"的检验概率值 $p=0.005<0.05$，说明性别、成绩和城乡在图片区注视点个数上存在交互作用。具体表现为：对于成绩好的学生，城镇学校的女生图片区注视点个数显著小于男生；对于成绩中等的女生，农村学校的学生图片区注视点个数显著小于城市学校和城镇学校的学生。

三、基于内容呈现路径的中学生多媒体浏览行为特征

教学内容在多媒体界面中呈现时，由于构成教学内容的知识点之间往往具有一定的顺序性，这就决定了多媒体界面中表达知识内容的多媒体元素之间除了空间位置关系（即多媒体界面结构），还有一个重要的关系就是先后顺序关系，即多媒体教学内容的呈现顺序或路径。不同的学习者会对多媒体界面中已经安排好的内容呈现路径做出先后顺序、轻重缓急等不同的选择，从而表现出不同的行为选择偏好。内容呈现路径是否符合学生的浏览行为和规律，在很大程度上影响了学生的浏览行为和效果。所以，让中学生浏览不同呈现路径的多媒体信息元素（见图 5-1），通过眼动实验方法来测量其浏览顺序、浏览时间等眼动数据，经过分析得到以下一些行为特征。

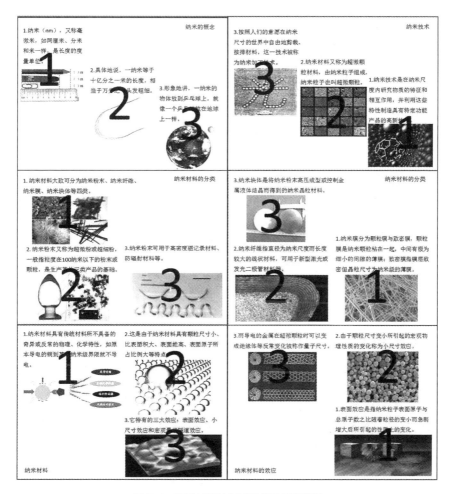

图 5-1 实验材料的区域划分及呈现路径

注：左列为正序呈现，右列为倒序呈现

对眼动实验中的相关结果按性别、呈现路径、城乡和成绩进行归类处理，揭示出中学生浏览不同呈现路径多媒体学习材料时的行为特征。为了便于精练表述，本章中的中学生浏览不同呈现路径多媒体学习材料，统一简称为"中学生多媒体浏览行为"。

1. 男女学生在多媒体浏览行为上表现出性别差异

实验结果表明，性别在区 3 注视时间上主效应显著。进一步进行事后多重比较分析发现，在区 3 注视时间上，女生的注视时间显著大于男生，即女生比

男生更关注区 3 中的内容。说明女生对区 3 的喜爱程度远远大于男生，男女学生对区 3 的关注程度存在显著的性别差异。

2. 中学生多媒体浏览行为与内容呈现路径之间的关系特征

（1）内容路径安排不会影响浏览顺序

正序呈现时，"正序对角、正序右拐和正序左拐"在首次进入时间上呈现出一致性，即视线进入区 1 最短，区 2 次之，区 3 最长，表现出阅读者的视线具有首先进入区 1，再进入区 2，最后进入区 3 的趋势。其中进入区 1 的时间显著少于其他两区，区 3 显著多于另外两区。说明读者的浏览顺序不管是"正序对角""正序右拐"，还是"正序左拐"都是按区 1、区 2 到区 3 的顺序进行的，浏览者都是从左上角开始到右下角结束。这一特征体现出多媒体界面结构的固有特性，它与"学生观察画面时有一定的顺序规律"（曹卫真，2013）的结果也是相一致的。

（2）顺序编号不会改变浏览顺序

为了验证顺序编号是否会改变浏览顺序，我们设计了倒序呈现实验。结果表明，倒序呈现时在首次进入时间上，"倒序对角""倒序右拐""倒序左拐"呈现一致性，即视线进入区 3 最短，区 2 次之，区 1 最长，且差异显著。它表明，阅读者浏览时具有先进入区 3，再进入区 2，最后进入区 1 的趋势。上述特征表明尽管我们给三个区编了顺序号，但读者仍然是按照从界面左上角开始到右下角结束的顺序来进行浏览，即顺序编号不会改变浏览顺序。

（3）顺序编号对浏览行为有一定的影响

从正序呈现与倒序呈现的实验数据比较来看，顺序编号除了影响到呈现路径对三个区的首次注视进入时间，也影响到读者在浏览这三个区域时在注视时间和注视次数上的表现。这就说明顺序编号虽然没有改变读者的浏览顺序，却影响到读者的浏览行为，进而可能影响浏览效率与效果。这就说明尽管顺序编号不会改变浏览顺序，但顺序编号对读者的注意力和浏览顺序选择仍有一定的影响。

3. 城乡学校学生的多媒体浏览行为特征

（1）城市学校学生偏好"正序对角"呈现时的区 3 内容

城市学校的学生在区 3 的注视时间和注视次数，"正序对角"呈现明显多于"正序右拐"；城市学校的学生在区 3 上的注视次数，"正序对角"呈现明显多于"正序左拐"。从实验数据上来看，虽然在区 3 的注视时间"正序对角"呈现没有明显多于"正序左拐"，但依据注视时间与注视次数一般是成正比的规律，可以说明城市学校的学生对区 3 的关注程度，"正序对角"呈现强于"正序左拐"和"正序右拐"呈现。

（2）城镇学校学生能更早浏览到"正序左拐"呈现时的区 3 内容

城镇学校学生在区 3 的首次注视进入时间上，"正序右拐"显著多于"正序左拐"，"正序对角"显著多于"正序左拐"，即城镇学校的学生浏览"正序左拐"呈现时，进入区 3 快于"正序右拐"和"正序对角"呈现。说明城镇学校学生在三种呈现方式下，"正序左拐"呈现时读者最先进入区 3 进行浏览。

（3）农村学校学生对"正序右拐"时的区 1 内容关注最多

农村学校学生在区 1 的注视时间和注视次数上，"正序左拐"显著少于"正序右拐"，"正序对角"呈现与"正序左拐"和"正序右拐"在区 1 上的注视时间差异不显著，处于两者之间。所以，农村学校的学生对区 1 的注视程度，"正序右拐"呈现显著高于"正序左拐"呈现，即农村学校学生对区 1 的关注程度，"正序右拐"呈现最强。

4. 中学生多媒体浏览行为与学习成绩之间的相关性特征

（1）成绩差的学生最先进入区 2 和区 3 进行浏览

成绩在区 3 的首次注视进入时间上主效应显著。进行多重比较检验发现，在区 2 的首次注视进入时间上，成绩中等的学生比成绩差的学生用时要长；在区 3 的首次注视进入时间上，成绩好的学生比成绩差的学生用时要长，即成绩差的学生比成绩好的学生和成绩中等的学生先进入区 2 和区 3 进行浏览。也就是说，学生成绩越差，他们就越容易先进入区 2 和区 3 进行浏览，并快速地结束浏览。

（2）成绩差的女生总是先进入区3进行浏览

性别和成绩在区3的首次进入时间上有交互作用。进行简单效应分析发现，在区3的首次注视进入时间上，成绩差的女生比成绩差的男生用时要少，比成绩好的女生用时要少；在区2的注视次数上，成绩差的女生比成绩差的男生注视次数少，成绩好的女生比成绩差的女生注视次数要多，即成绩差的女生比成绩好的女生和成绩差的男生先进入区3进行浏览。

第四节 多媒体浏览行为的选择偏好

中学生在浏览多媒体学习材料时，会在浏览行为上表现出某些偏好倾向，即浏览行为选择偏好。在实际的多媒体学习过程中，学习行为往往表现出一些规律性或集团倾向，这些选择偏好，可以为多媒体教学提供相应的理论指导与操作依据。

一、浏览包含指示性引导元素的多媒体学习材料时

中学生在浏览包含指示性引导元素的多媒体学习材料时，主要表现出以下三种偏好：

①中学女生对指示性引导元素更敏感。

②学习成绩好的学生对指示性引导元素关注更多。

③五种指示性引导元素中，中学生对"箭头"更具有兴趣，"下划线"次之。

二、浏览多媒体界面时

从上述文字区和图片区上表现出的基本特征可以概括出，中学生在浏览多媒体界面时具有以下四方面的选择偏好：

①中学生更关心"左图右文"结构中的文字区。

②"上文下图"结构中的图片区受到中学生的偏爱。

③中学女生比男生更喜欢浏览文字区的内容。

④城市学校的中学生对文字区表现出更高的关注度。

⑤农村学校的中学生不善于浏览图片区。

综上所述，我们发现文字区比图片区得到中学生更多的关注，尤其是中学女生、城市学校的中学生表现更加明显。这一结论与我们给教学内容附加图片，以提高注视度和学习效果的期盼显然是有距离的，这种现象与阅读传统（即以基于文字的阅读为主）有关，还是图片的吸引力不足引起的？其中的深层次原因值得深入探讨。

三、浏览不同呈现路径的多媒体材料时

在上述中学生多媒体浏览行为基本特征的基础上，可以得出中学生多媒体浏览行为具有以下选择偏好：

①中学生偏好从左上角开始浏览，到右下角结束浏览。

②给教学内容进行顺序编号不会改变读者的浏览顺序。

③顺序编号对读者的浏览顺序选择和注意力仍有一定的影响。

④城市学校学生偏好"正序对角"呈现时区 3 中的内容。

⑤农村学校学生喜欢关注"正序右拐"呈现时区 1 中的内容。

⑥女生比男生更偏好关注区 3 中的内容。

⑦成绩差的学生比成绩好的学生更早地进入区 2 和区 3 进行浏览。

⑧成绩差的女生相对于成绩好的女生和成绩差的男生来讲，更喜欢先进入区 3 进行浏览。

第五节　中小学生多媒体学习行为

我们对于中小学生的一些多媒体学习行为做了比较深入的研究，主要是从年级（小学生、初中生和高中生）维度和学习行为（浏览行为、检索行为和阅读行为）维度，借助于眼动实验来挖掘学生的多媒体学习行为特征，本节选取了小学生网络阅读行为、初中生多媒体信息浏览行为和高中生英语阅读行为呈现给大家。

一、背景音乐对小学生网络阅读行为的影响

在信息时代，网络阅读能力将成为小学生的核心素养。背景音乐是网络阅读材料中常见的组成要素，许多网络阅读的内容和平台中都有背景音乐，学生边阅读边听音乐已经比较普遍。为了探究背景音乐对小学生阅读效果的实际影响，我们主要利用眼动实验方法，在分析注视时间、注视次数与阅读成绩关系的基础上，来考察背景音乐对小学生网络阅读行为的影响。研究结果表明，背景音乐增加了小学生网络阅读时的注视时间和注视次数；背景音乐对阅读标题区有明显的影响；背景音乐对女生和男生阅读行为的影响存在差异；背景音乐与阅读成绩有明显的关联效应。以此研究结果为依据，在网络阅读内容和呈现方式、对网络阅读的指导和培养小学生网络阅读素养等方面阐述了其教学价值。

从 2019 年秋季新学期开始，教育部要求全国所有中小学生的语文、历史、道德与法治都使用统一部编版教材。小学语文教材中增加了大量阅读材料，在此大背景下，迫切需要大力培养小学生的阅读能力。随着网络技术的发展，网络教学资源越来越丰富，小学生在课内、课外接触网络教学资源的机会也日益增多。网络阅读已经成为小学生重要的学习方式，但在网络阅读中存在诸如边阅读边欣赏音乐、微课中有背景音乐等现象，这些阅读行为和现象对学生有利还是有害？对学习效果有什么样的影响？如何养成良好的网络阅读习惯？我们还知之甚少。为此，运用眼动实验研究方法来探寻背景音乐对小学生网络阅读行为的影响，设计适合小学生特征的网络阅读内容，选择恰当的呈现方式，对小学生网络阅读能力的提高具有重要的理论意义和实践价值。

（一）背景音乐影响小学生网络阅读行为的眼动实验

我们通过眼动实验来观测小学生阅读网络学习材料（带有背景音乐）时的眼动行为，主要考察注视时间、注视次数和阅读成绩等实验数据，通过对这些数据的挖掘来推断小学生网络阅读行为的基本特征。通过眼动实验来收集、分析小学生阅读网络学习材料时的相关眼动数据，追寻小学生网络阅读行为及其

教学价值。我们的研究主要有以下三个基本假设：①背景音乐会影响小学生网络阅读行为；②小学生阅读加载背景音乐的学习材料时，其阅读行为存在性别差异；③背景音乐影响小学生的阅读成绩。

（二）实验结果与数据分析

1. 关于注视时间的统计分析

注视时间是被试对网页中某一区域的平均注视停留时间。注视时间的长短表明阅读者对阅读对象（或兴趣区）的关注程度。表5-1是被试在阅读网页时，各个兴趣区注视时间的均值与标准差。

表5-1 注视时间在不同兴趣区的均值和标准差

阅读区	人数	背景音乐	均值	标准差
标题区	24	无	0.441	0.371
		有	1.316	1.175
文字区	24	无	40.334	15.851
		有	52.526	20.985

从表5-1中，我们可以看出，在标题区的注视时间上，有背景音乐时的注视时间要远大于没有背景音乐时的注视时间 [1.316＞＞0.441]；在文字区的注视时间上，有背景音乐的注视时间也要大于没有背景音乐的注视时间 [52.526＞40.334]。

性别在标题区注视时间上的主效应显著 [$F=6.299$，$p=0.021<0.05$]。两因素交互项"背景音乐 × 性别"在标题区注视时间上存在交互作用 [$p=0.03<0.05$]，而在文字区注视时间上不存在交互作用。对性别做事后多重比较发现，女生在阅读有背景音乐的标题区时，其注视时间显著大于男生 [$T=0.743$，$p=0.021<0.05$]。对两因素交互项进行简单效应分析，同样可以得到类似的结果，即女生在阅读有背景音乐的标题区时，其注视时间显著大于阅读无背景音乐标题区的注视时间 [$T=1.567$，$p=0.001<0.05$]。这就表明，当阅读有背景音乐实验材料时，女生对标题区的注视时间显著大于男生 [$T=1.435$，$p=0.003<0.05$]。

2.关于注视次数的统计分析

注视次数是被试在阅读网页过程中，对某一对象（或兴趣区）注视次数的多少。注视次数的多少可在一定程度上表明阅读者对阅读对象的感兴趣程度。表5-2是被试在阅读网页时，各个兴趣区注视次数的均值与标准差。

表5-2 注视次数在不同兴趣区的均值和标准差

阅读区	人数	背景音乐	均值	标准差
标题区	24	无	2.670	2.229
		有	5.830	4.428
文字区	24	无	183.250	70.078
		有	229.330	84.763

从表5-2中可以看出，在标题区注视次数上，有背景音乐时的注视次数要大于无背景音乐时的注视次数 [5.830＞2.670]；在文字区注视次数上，有背景音乐时的注视次数也大于无背景音乐时的注视次数 [229.330＞183.250]。说明实验材料添加背景音乐后，被试在阅读网页内容时注视次数增加了。

性别在标题区注视次数上主效应显著 [F=8.282，p=0.009＜0.05]，在标题区注视时间上存在交互作用 [p=0.032＜0.05]；在文字区注视次数上主效应不显著 [F=0.190，p=0.668＞0.05]，也不存在交互作用。对性别做事后多重比较可以发现，女生在标题区上的注视次数显著大于男生 [T=3.333，p=0.009＜0.05]。对两因素交互项进行简单效应分析同样发现，女生在阅读有背景音乐的实验材料时，对标题区的注视次数显著大于无背景音乐标题区的注视次数 [T=5.833，p=0.002＜0.05]。即当阅读的实验材料有背景音乐时，女生在标题区的注视次数显著大于男生 [T=6.000，p=0.002＜0.05]。

3.关于小学生阅读成绩的统计分析

阅读成绩是被试阅读结束后回答问题的正确数，主要检测被试的阅读记忆效果。表5-3是被试在阅读网页后测试成绩的均值与标准差。

表5-3 阅读成绩的均值与标准差

性别	阅读网页	均值	N	标准差	合计
女生	无背景音乐	91.67	6	20.412	550
	有背景音乐	66.67	6	25.820	400
	小计	79.17	12	25.746	950
男生	无背景音乐	83.33	6	25.820	500
	有背景音乐	58.33	6	37.639	350
	小计	70.83	12	33.428	850
总计	无背景音乐	87.50	12	22.613	1050
	有背景音乐	62.50	12	31.079	750
	小计	75.00	24	29.488	1800

从表5-3中的数据可以看出，被试阅读有背景音乐的实验材料时，其阅读成绩要低于阅读无背景音乐的实验材料。无论是阅读有背景音乐的实验材料还是没有背景音乐的实验材料，女生的阅读成绩都要高于男生。

综上所述，该研究的三个假设——"背景音乐会影响小学生网络阅读行为""小学生阅读加载背景音乐的学习材料时，其阅读行为存在性别差异""背景音乐影响小学生的阅读成绩"是成立的。

（三）背景音乐对小学生网络阅读行为的影响

从实验数据分析可以看出，背景音乐对小学生网络阅读行为存在以下几方面的影响。

1. 背景音乐提高了小学生网络阅读时的注视时间和注视次数

在标题区和文本区的注视时间上，有背景音乐时的注视时间都要远远大于没有背景音乐时的注视时间。在标题区和文本区的注视次数上，有背景音乐的注视次数也要远大于无背景音乐的注视次数。由此可见，小学生在阅读有背景音乐的网页内容时对标题区和文本区的注视时间、注视次数都要显著大于无背景音乐时的相关指标。其原因是背景音乐占用了小学生大量加工信息的心智资源，致使小学生阅读时加工信息所用的时间变长了，信息加工的速度也减慢了。何立媛等（2015）的研究也得到了类似的结果，他们采用眼动记录技术探讨了无关言语和白噪声作为背景时对被试阅读过程产生的影响。结果表明，无关言语严重干扰了被试的阅读过程，背景音对阅读过程的影响体现在词汇加工的晚期。

2. 背景音乐对阅读材料的标题区有明显的影响

带有背景音乐的阅读材料，其标题区的注视时间和注视次数显著大于无背景音乐的注视时间和注视次数，并且在标题区注视时间和注视次数上的主效应显著。可见，背景音乐有助于提高对标题区的关注程度。但从另一方面来讲，在心智资源和阅读能力一定的情况下，小学生阅读有背景音乐的学习材料时，需要对声音刺激做出反应，背景音乐如果使标题区耗费了过多的认知资源，它就阻碍了小学生对文字区信息的获取和加工，从而影响阅读成绩。

3. 背景音乐对阅读行为的影响存在性别差异

背景音乐对阅读行为的性别差异表现在以下三方面：①女生在阅读有背景音乐的标题区时，其注视时间和注视次数显著大于男生；②性别在标题区注视时间和注视次数上主效应显著；③无论是阅读有背景音乐的实验材料还是无背景音乐的实验材料，女生的阅读成绩都要高于男生，但这种差异还没有达到显著的程度。上述差异说明，小学生的注意力更容易被标题区吸引；女生对标题区更感兴趣。对于声音刺激的反应，女生花费的时间长于男生，背景音乐对于女生的影响更强烈。女生在阅读有背景音乐的网页内容时对标题区的注视时间和注视次数要显著大于无背景音乐时的各指标参数，这再次说明背景音乐对于女生的影响更强烈。

4. 背景音乐与阅读成绩有明显的关联效应

背景音乐与阅读成绩之间的关系表现在：小学生在阅读有背景音乐的学习材料时，其阅读成绩会下降，即背景音乐影响了小学生的阅读效果。从阅读时间和注视次数上看，有背景音乐时小学生的阅读时间、阅读次数要大于无背景音乐时的阅读时间和注视次数，但在阅读成绩上，有背景音乐时的阅读成绩反而低于无背景音乐时的成绩。根据认知负荷理论，人在加工信息时的认知资源是有限的，当认知活动占用的资源超过所能承受的范围，就会出现认知资源相对不足的现象。刘佳（2015）的研究也发现，在篇章阅读理解过程中，认知资源的不足将导致阅读效率降低。当小学生阅读有背景音乐的文章时，背景音乐的加入，会占用一部分认知资源，从而导致加工阅读材料的认知资源减少，并影响到阅读成绩与效果。

二、初中生多媒体信息浏览行为研究

2005 年，"青少年运用互联网现状调查及相关政策法规"课题组发表了《青少年运用互联网现状及对策研究——来自浙江省的调查报告》。该研究采用抽样调查、座谈等方法对浙江省青少年运用互联网的现状进行了考察分析，提出了产生问题的原因，并对政府工作提出了相关对策和建议。中国互联网络信息中心（CNNIC）的《第 33 次中国互联网络发展状况统计报告》表明，截至 2013 年 12 月底，我国网民规模达 6.18 亿，且学生群体是网民中规模最大的群体，占 25.5%，年龄分布在 10～19 岁的网络用户占 24.1%。由此可以看出，初、高中生也逐渐发展成为一支强大的网民队伍，互联网也深深地影响着中学生的生活和学习。随着网络和多媒体技术的快速发展，学生的学习方式也发生了根本的变革。较之传统媒体，利用多媒体学习不仅更快速而且更高效，已成为信息时代主要的学习方式。

（一）研究设计与实施

作者团队主持的一项调查研究采取随机取样的方法，从浙江省湖州市选取湖州五中、湖州十二中为实验学校，共抽取初中生 458 名，其中湖州五中 230 名、湖州十二中 228 名。研究的主要问题如下：初中生在多媒体信息浏览方面有哪些基本特征？在多媒体信息浏览特征方面，初中生不同年级之间是否存在差异？男生和女生之间是否存在差异？使用不同上网工具的学生之间是否存在差异？影响初中生多媒体信息浏览的主要因素有哪些？

基于以上问题，调查问卷共分为五个组成部分：学生的基本信息（包括年级、性别、家庭背景）；手机应用情况（包括手机拥有情况、是否能上网、应用手机进行的主要活动）；信息技术应用的基本状况（包括网龄、经常上网的地点、上网的主要活动、上网时间段、每周上网时间、信息技术技能水平）；多媒体学习积极性（包括对信息技术的态度、多媒体教学对学习的作用、信息技术对课外学习的作用等）；多媒体浏览倾向（包括浏览网页的方式、浏览新闻的类型、使用信息技术较多的教学科目）。

问卷发放的时间为 2014 年 3—6 月，考虑到初中生的学习及生活特点，选择了研究者到班级集中发放、回收问卷的方法，共发放问卷 458 份，回收 417份，其中 4 份无效问卷、2 份非互联网使用者，有效问卷 411 份，问卷有效率为 89.74%。被调查对象的基本情况如下：男生占 47.7%，女生占 52.3%；初一学生占 53%，初二学生占 47%。

（二）湖州市初中生多媒体信息浏览行为现状

1. 多数初中生认可多媒体教学的作用

绝大多数初中生对信息技术持积极态度，其中认为自己热爱信息技术的初中生占 10.2%；小部分初中生对于信息技术持中立态度；对于信息技术持有怀疑等负性态度的比例仅为 2.0% 左右。认为信息技术对学习有帮助的初中生占71.5%，其中认为非常有帮助的占 29.7%，有一些帮助的占 41.8%；和黑板教学方式相比，绝大多数的初中生认为多媒体教学对学习有帮助，而认为多媒体教学对学习基本没有帮助或者完全没有帮助的初中生数量仅占 2.2%。

2. 初中生对信息技术应用的满意度不均衡

数据显示，32.6% 的初中生偏爱理科，27.0% 的初中生偏爱文科，22.4%的初中生表示对于理科、文科都较喜欢，文理选择倾向较均衡。初中生认为信息技术在教学中使用较多的学科依次是数学（44.7%）、社会（36.9%）、语文（34.7%）、英语（27.9%）、物理（23.9%）、化学（17.8%）、地理（17.6%）、生物（11.8%）。

3. 初中生信息技术水平的自我评价不高

初中生对自己信息技术水平的评价结果呈现出典型的类正态分布形态，42.6% 的初中生认为自己的信息技术水平一般，所占数量最多。认为自己的信息技术水平"比较好"和"比较不好"的比例（32.8%）多于认为自己的信息技术水平"很好"和"很不好"的比例（24.6%）。41.8%的初中生认为学校教师信息技术技能水平非常好，37.5%的初中生认为比较好。由此可见，近80%的初中生都比较认同自己学校教师的信息技术技能水平；但是认为教师信息技术技能水平低的初中生也占有9.3%。

初中生获取信息技术技能的途径主要集中在信息技术课（39.0%）、网络（29.5%）和自学（22.9%），通过"同学朋友"（5.6%）和"父母"（2.9%）获取信息技术技能的学生比例远低于以上三种途径。因此，信息技术课堂教学依然是初中生获得信息技术技能最主要的方式，同时通过"网络"和"自学"获取信息技术技能的比例之和为52.4%，说明一半以上的初中生能够较好地进行信息技术技能的自主学习。

4. 娱乐活动是初中生上网的主要偏好

初中生上网最常做的三件事情依次是收听或下载音乐（61.5%）、看视频（50.2%）和玩游戏（47.1%），另外搜索或查询信息（45.1%）及聊天（43.9%）的学生比例接近于玩游戏的学生比例。由此可以看出，娱乐是吸引初中生上网的主要原因。

通过调查可以看出，初中生上网浏览的新闻类型前三位是娱乐新闻、社会新闻和科技新闻，其中70.4%的初中生一般浏览的新闻类型是娱乐新闻。初中生最爱浏览的网站主要是游戏网站、动漫视频网、淘宝、社交网站等，也有初中生利用互联网进行学习，但是比例相当小。另外，初中生使用搜索引擎（尤其是百度）的频率很高，但是对他们使用搜索引擎的目的指向尚不了解。

5. 初中生对网页信息元素类型偏好不同

58.4%的初中生上网时选择随意浏览网页，33.7%的初中生会仔细阅读网页。初中生在网络上比较爱看的元素信息类型依次为视频（51.6%）、图片（46.2%）、动画（40.0%）和文字（39.3%）。

综上所述，湖州市初中生多媒体信息浏览行为的整体特征主要表现为：在环境方面，初中生已经具备进行多媒体学习的条件，手机等移动终端是初中生进行自主学习的主要工具。初中生自主进行的多媒体学习过程，具有娱乐性偏好的共同特点。视频和图片是初中生一致偏爱的信息元素类型。初中生对多媒体教学持有较高认可度，对信息技术教师的水平也表示认同，但是对于当前信息技术与各学科的结合程度以及自身的信息技术水平均不满意。

（三）初中生多媒体信息浏览行为的分析

1. 初中生浏览网页新闻类型的偏好分析

卡方检验的结果表明，初中生上网浏览的新闻类型存在较大差异 χ^2（6，N=481）=9.147，$p<0.01$。初中男生偏爱的新闻类型体现出"类型分散"和"比例平稳"的特点，而初中女生偏爱的新闻类型则体现出"类型集中"和"比例悬殊"的特点。

2. 初中生对信息技术在学科中应用的认知度分析

卡方检验的结果表明，初中生对信息技术在学科应用中的认识存在边缘差异 χ^2（7，N=432）=3.358，$p>0.05$。信息技术在学科中的应用程度可以通过学生认为信息技术在学科教学中被使用的频率来反映。初一学生认为信息技术依次在社会、语文和数学中使用较多，而初二学生则认为信息技术在数学、语文和英语中应用较多。随着年级的升高，信息技术在数学和英语中的应用差幅增大，尤其是数学，而信息技术在社会中的应用则减少。

3. 初中生网络浏览行为的偏好分析

卡方检验的结果表明，初中生网络行为偏好存在显著差异 χ^2（7，N=562）=4.687，$p<0.05$。不同性别初中生在上网最常做的事上存在较大差异，具体表现为：男生上网最常做的是玩游戏、看视频和听音乐；女生最爱做的则是听音乐、看视频和聊天。男女生在"玩游戏"这一偏好上的支持比例差异最大，高达54.8%；其次是"听音乐"和"聊天"，比例差异分别为25.7%和13.9%。

综上所述，建议建立家校联合制度，构建健康的多媒体学习生态环境，为初中生利用多媒体进行学习提供硬件环境，将有助于学校教育和初中生的健康成长。加强数字化教育资源建设，给初中生提供丰富多样的学习资源，将推动多媒体学习方式方法的快速转变。加大多媒体学习研究的力度，将为初中生有效地利用多媒体进行学习提供理论指导与实践保障。

三、高中生英语阅读行为特征

随着多媒体技术的快速发展，阅读材料的媒介与类型越来越多元化，读者的阅读行为也随之悄然地发生了变化，阅读材料逐渐由纯文本向多媒体转变。这种转变对高中生的英语阅读行为产生了怎样的影响？国内有学者利用眼动技术探索了读者阅读文章时的眼动特征。其中以母语为研究对象的较多：通过探索不同年龄阶段的对象阅读中文时的眼动特征来推测他们的认知行为。此外还有学者研究了不同语言阅读的差异，发现阅读过程中的眼动特征主要是由材料内容决定的，而不是由不同语言的视觉特征决定的。尽管学者们在研究读者阅读的眼动特征中取得了较大成果，但大都是在多媒体界面下探索，很少进行基于新旧媒体的英语阅读行为的对比研究。作者团队的"高中生英语阅读行为的眼动研究"项目采用眼动追踪技术，主要探讨高中生在文本和多媒体界面下英语阅读行为究竟存在怎样的差异，以下做简单介绍。

（一）高中生英语阅读行为的眼动实验研究

1. 实验目的与假设

实验目的：探究高中生在阅读两种英语材料时的行为特征差异，并提出相应的引导策略。实验基本假设：①高中生阅读纯文本与多媒体材料的阅读行为存在差异；②高中生阅读不同文体材料的阅读行为存在差异；③高中生阅读不同颜色字体的阅读行为存在差异；④高中生阅读不同图文布局的阅读行为存在差异。

2. 实验设计

该研究共三组实验：①纯文本与多媒体之间的阅读行为比较，采用2（文体）×2（类型）的二因素混合设计。其中文体（记叙文、说明文）为组内变量，类型（纯文本、多媒体）为组间变量。②多媒体材料内部不同颜色之间的阅读行为比较，采用2（类型）×3（颜色）因素实验设计，颜色（红、绿、蓝）为组内变量，类型为组间变量。③多媒体材料内部，图文布局（上图下文、上文下图、左图右文、左文右图）之间的阅读行为比较，图文布局为组内变量。

3. 实验数据分析及结果

通过对高中生阅读纯文本与多媒体素材的实验数据（纯文本与多媒体文本的兴趣区内的百字时、纯文本与多媒体文本的百字注视次数等）、高中生阅读不同颜色区间的实验数据以及高中生阅读不同图文布局的实验数据进行分析。研究发现，对于纯文本，高中生阅读红色和蓝色区域的百字时、百字次有所增加，阅读绿色区域的百字时、百字次有所减少；三种颜色的首次进入时间均有所减少；回视次数在红色区域与绿色区域内有所增加，而在蓝色区域有所减少。在多媒体文本中，高中生阅读红色区域的百字时、百字次最多，而阅读蓝色区域的百字时、百字次最少，红色首次进入时间最短，绿色首次进入时间最长；高中生阅读记叙文蓝色区域的回视次数最少，而绿色区域的回视次数最多。

上文下图的文字区域的百字时、百字次、回视次数最多，左文右图的文字区域百字时、百字次、回视次数最少。上图下文的图片区域的阅读时间、注视次数、回视次数最多，而左图右文的图片区域的阅读时间、注视次数、回视次数最少。

经过对实验数据的统计分析与处理，得到以下实验研究结论。

①在高中生英语阅读的眼动指标中，多媒体文本指标数据大多显著优于纯文本，且后测成绩亦优于纯文本，说明针对相同内容的素材，多媒体文本更有利于高中生阅读。

②相同类型的文本，高中生阅读英语记叙文时的阅读时间、注视次数及回视次数均显著少于说明文，说明阅读说明文时速度慢且认知负荷较大。

③在多媒体文本的眼动指标中，蓝色区域最优，绿色区域最差，但最先引人注意的是红色区域。

④在图文布局中，上文下图的文字区域阅读时间、注视次数、回视次数最多，上图下文的图片区域阅读时间、注视次数、回视次数最多。

（二）高中生英语阅读行为的基本特征

阅读行为是读者在阅读过程中从生理和心理上所折射出来的表现形式，具体来说是读者在阅读过程中为了构建有利于理解的阅读环境或解决阅读问题所采用的特定手段或技巧。它既可以是外显的行为，也可以是内隐的心理活动，包括阅读方式、阅读习惯、阅读心理行为。不同的阅读者或不同的阅读材料类型，都会表现出不同的阅读行为特征，从该实验可概括出以下基本的阅读行为特征。

1. 阅读对象的信息类别不同，高中生表现出的行为也不同

在纯文本元素界面下，高中生的阅读方式表现为线性阅读，即按文章内容进行顺序阅读，其注视点是从左到右、由上至下进行线性移动，呈倒 S 曲线；而在多媒体元素界面下，高中生的阅读方式则表现为非线性阅读，即读者阅读文章内容时，其注视点不按照文章的逻辑顺序移动，而表现为跳跃性。该结论符合双重编码理论，证明读者进行阅读时，其语言和非语言编码系统同时被激活，图文相结合地理解文章。

2. 高中生阅读纯文本的时间多于阅读多媒体材料的时间

实验表明，高中生阅读与纯文本相同内容的多媒体素材时，能进行快速阅读，并且保证了较高正确率，这说明多媒体素材能有效提高高中生的阅读能力。另外，高中生阅读说明文的时间显著多于记叙文，且需要深层次加工，这说明有线索的文章更利于高中生阅读。

3. 大部分高中生采用默读方式，仅有极个别学生采用出声阅读

这与中学生的阅读形式发展相符。默读是阅读的高级阶段，整个活动在人脑内部进行，信息从眼睛直接传达到脑部，即"眼脑直映"，整个过程需要注意力高度集中，速度快，且有助于加深对文章的理解。

4. 高中生阅读英语多媒体材料时，喜欢使用引导物

大部分学生喜欢运用鼠标进行标记阅读，且在阅读过程中询问不认识的单词，这种现象表明高中生阅读英语时存在心译的心理行为。标记阅读能有效引导高中生的眼睛运动，且帮助加深对难点或关键词句的记忆与理解，是良好阅

读行为的一种表现。心译是学生在阅读英文文章时，将英文翻译成母语，然后通过母语去理解所读的内容。这种不良习惯是引起英语阅读效率低下的重要原因之一，之所以会存在心译现象，是因为对英文词汇不熟悉。

5. 不同的字体颜色和不同的界面结构，表现出的阅读行为不同

高中生偏好阅读红色文字，偏好阅读上文下图文字区、上图下文的图片区。该结论与以往研究相一致，有研究认为，在对刺激反应过程中，被试倾向于高估红色目标，而低估绿色目标。高中生注视红色时投入较大的精力是正常的，因此对红色的注视效果比较好。读者的阅读习惯是从上到下，故上方区域较能引起读者注意，因此高中生较为关注上文下图文字区、上图下文的图片区。

（三）引导高中生有效阅读英语的基本策略

依据高中生阅读英语时的特征表现，结合学习理论的相关原则，可以概括出引导高中生进行有效阅读应采取的基本策略。

1. 科学地利用字体颜色

颜色具有诱目性特征，不同颜色出现在同一界面中时，对材料记忆、理解将产生不同的影响。因此，建议教师在多媒体教学中根据所选内容的特点，合理运用字体颜色的变化与搭配，蓝色字体的识记效果最好，红色字体较为引人注意。有科学家研究发现，颜色能影响脑电波，对蓝色的反应是放松，这有助于减少疲劳，也有利于信息加工。

2. 恰当地利用图片

已有研究证明，插图会对学生的学习产生影响，因此教师要重视图片的应用，加强图片与文字的联系。在图文布局中，若文本信息是要表达的主要内容，适合选择上文下图；反之，当多媒体材料以图片为主时，则应选择上图下文结构。建议教师合理设计并使用多媒体材料，因为多媒体材料不仅可以引起学生注意，更能方便学生理解学习内容，从而进入深度阅读。

3. 合理利用引导物进行阅读

实验研究结果表明，回视次数与阅读成绩呈负相关趋势。很多人在读书

时，眼睛会无意识地进行回视，影响阅读速度和效率。因此，在阅读时要尽量避免无意义回视，有效利用引导工具，引导视线随引导物进行移动。引导物应选择不妨碍视线的物体，例如笔或鼠标。将引导物放在被读内容的下面，顺畅平滑地按顺序进行移动，这样可有效减少无意义回视次数。

4. 注意培养默读能力

有声阅读和心读虽然有利于加深理解和促进记忆，但严重影响阅读速度。默读的整个活动在人脑内部进行，需要较为集中的精神力，其阅读速度较快。默读需要经过长期训练，学习者不仅要增加英文词汇的熟识度，扩大知识面，而且要在阅读时有意识地克服出声阅读和心读，主动地去理解内容并加快阅读速度，养成默读的良好习惯，提高阅读效率。

第六章 🔍

多媒体学习的主体

◎ **本章内容概述**

　　从传统意义来看，学习的主体是学生，多媒体学习的主体也与此类似，它的主体按照学生学习阶段来划分，可以分为小学生、中学生和大学生。但随着终身学习和学习型社会理念的逐渐成熟，学习的主体不再局限于学生，成人也随之成为信息时代多媒体学习的主体。本章将分别从小学生、中学生、大学生和社会学习者（成人）四个层面论述他们各应具备的多媒体学习的基本素养、能力素养和信息素养。

　　随着网络和信息技术的发展与普及，教育领域引入了多媒体技术，教学过程中学习活动的开展方式变得更加多样化，多媒体学习成为信息时代的新型学习方式。就多媒体学习的主体而言，在"以学生为中心"的大背景下，学生本人就是多媒体学习的最重要的主体，其中包括小学生、中学生和大学生。终身教育理念顺应社会的变革和科技的发展，全民终身都要接受教育的思想得到了信息技术的支持，教育不再仅仅是学生的专享，成年人群体也成为多媒体学习主体的重要组成部分。多媒体学习主体的素养与状态是决定多媒体学习活动能否有效开展的关键。因此，进一步研究有效开展多媒体学习活动时其主体需要具备什么样的条件与素养，这是非常重要的研究课题，也是关键且必需的。

第一节　多媒体学习的主体——小学生

　　21世纪出生的年轻一代学生都是在数字和网络环境下成长起来的，小学生作为信息时代的数字原住民和"数字一代学习者"，具有和上一代学习者完全不同的学习特征，时代对他们的要求也完全不同。在多媒体学习环境中，小学生应该具备什么样的多媒体学习条件与素质，又该如何提升小学生多媒体学习效果，这些都是值得探究的。为加快实施教育信息化并最终实现教育现代化，首先要在小学教育中大力培养小学生的多媒体素养和学习能力，为学生们后续的多媒体学习打下坚实的基础。

一、小学生多媒体学习的基本条件

对于具有好动、好新、好奇、好胜等特点的小学生而言，他们普遍无法在单调的课堂教学中集中注意力，而多媒体技术的出现极大地缓解了这一问题。多媒体技术能综合言语信息（如解说、文字）和非言语信息（如动画、表格、图表、视频和背景音乐等）于一体，生动、直观地反映教学内容，促进师生课堂的交流互动，使课堂更丰富、有趣。当然，这样的多媒体学习也要在一定的条件下才能顺利进行，小学生多媒体学习的基本条件主要体现在与多媒体学习相关的基础性信息知识、积极的学习态度和浓厚的学习兴趣。

（一）基础性信息知识

在数字时代，信息素养是学生能够进行有效学习的重要素养。鉴于小学生年龄较小，生理和心理发育尚未完全，在多媒体学习方面，并不要求小学生掌握现代信息技术深层次的理论和技能，他们只需要知道最基本的理念，知道多媒体学习过程是如何进行的即可。因为小学生有强烈的动手意愿，他们极想亲手触摸和操作多媒体教学工具，所以在进行多媒体学习时应尽可能多地给他们提供"亲力亲为"的机会，让他们在做中学，同时寓教于乐。在小学阶段，学生们已经具备了一定的动觉、听觉、视觉、触觉辨别能力，这有利于提高利用信息技术学习的效率，提高信息技术工具操作的速度。所以在进行教学时可以采取多种通道相结合的方法。比如，先让小学生观察教师的演示过程，同时辅以教师的讲解，然后再让学生进行操作。这样，多种通道的综合运用可能会产生更优的教学效果，但使用时也要具体问题具体分析。

（二）积极的学习态度

小学生的学习态度不仅直接影响学习成效，而且关系到学生个性的形成与发展。学习态度是指个体自身学习所持的一种包括认知、情感和行为倾向等因素的比较稳定的心理倾向。学习态度往往决定了学习者的期望、目标，具备情绪功能和动机功能。有研究表明，小学生的学习态度存在年级差异，且在三年级时发生明显分化。我国基础教育普遍表现出过于重视知识技能的培养，而忽略了情感和意志方面的疏导，没有加强学习态度方面的教育，这点必须引起我们教育工作者的关注。小学阶段正处于人生发展中的初级阶段，该阶段的个体心智水平及认知能力等各方面发展都是后续发展的坚实基础。因此，在多媒体学习环境下，必须及早构建小学生积极的多媒体学习态度，积极的情绪有助于激发学生对学习内容的兴趣，促进学生积极主动地进行知识建构，提升学习的成效，以形成良性循环。为响应教育信息化政策，提高小学生多媒体学习态度，提出以下对策建议：①丰富课程形态，增加学生课程的选择性；②加强选课指导，帮助学生学会选择；③建立预约制度，提供个性化服务；④多渠道开发网络学习空间，营建智慧校园。

（三）浓厚的学习兴趣

孔子说过，"知之者不如好之者，好之者不如乐之者"。对于小学生而言，不论是过去的传统教学还是现今的多媒体学习，兴趣都是最好的老师。在多媒体智能课堂环境下，想要获得小学生多媒体学习的最佳效果，就必须考虑学习兴趣这一重要因素。当然，多媒体学习兴趣并非只由先天决定，也是可以后天培养的。教师可以尝试按照以下步骤来提高小学生的学习兴趣：提出问题、激发兴趣→创设情境、迁移兴趣→合作探究、保持兴趣→体验成功、提高兴趣。

在媒体的呈现方式上，面对心智发育尚未成熟的小学生，优化呈现方式、降低外在认知负荷是提高小学生多媒体学习效果最基本的一项多媒体教学策略，而图文邻近的呈现方式能有效提高学生学习效果。结合多媒体环境，以培养小学生历史学科多媒体学习兴趣为例，将历史细节做成丰富多彩、生动有趣的动画或视频，要比单一枯燥的文字加图片效果好得多。因此，学校在学习媒体的选择方面应该考虑小学生的心智发展水平、知识能力基础等特征因素，根据学生具体年龄段特征合理配置多媒体资源，最大程度优化媒体呈现方式、合理利用多媒体教学工具与教学技巧，这对于提高小学生多媒体学习兴趣和提高课堂的教学质量有着极佳的效果。

二、小学生多媒体学习的核心素养

小学阶段的教育是为每一位学生今后发展和从事终身学习打基础的教育，小学生作为多媒体学习的重要主体，除了具备多媒体学习的基本条件，还应该进一步提升多媒体学习的优化素养。一个未来能够立足于多媒体信息社会的人，首先是一个能够浏览多媒体信息、搜索多媒体信息的人，同时也是一个拥有良好信息道德素养的人，而学生时代是塑造人生价值观最重要的时期，多媒体信息道德意识应该从小树立。

（一）多媒体信息浏览素养

小学生通过浏览多媒体材料获取信息已经成为一种重要的学习方式。多媒体信息浏览行为没有强烈的目的性，是在自然、轻松的状态下进行的，因此低年级的学生往往更喜欢浏览。小学生多媒体信息浏览素养是指小学生为了满足自己已知或未知的多媒体信息需求，满足个体好奇心、求知欲而利用多媒体工具有目的或无目的自由浏览多媒体信息的行为素养。小学生往往浏览个人感兴趣的多媒体信息，在内容的选择上存在盲目性，教师和家长应该在其中发挥引导作用，可以挑选优质的多媒体材料供小学生浏览，拓展其知识面的广度，无形中增加知识量。小学生的多媒体信息浏览素养着重在于教师和家长的引导，课堂上教师播放与课内知识相关的多媒体材料，包括图片、动画、视频等供学生浏览；课后家长可以结合小孩子的日常兴趣，拓展课外阅读，按照每个年级的特性选择合适的阅读材料以培养小学生多媒体信息浏览素养。另外，多媒体教学工具的使用必须适度，多媒体信息浏览量要视学生的接受、理解程度而定，从实际出发，充分考虑学生的思维和认知规律。

（二）多媒体信息搜索素养

小学阶段是学生信息素养启蒙与培育的关键时期，多媒体信息搜索素养也是衡量小学生信息素养的一项重要指标。多媒体信息搜索的前提是熟练打字技术，以目前最常用的拼音输入法为例，小学阶段往往是从三年级开始开设信息技术课程，这个阶段小学生虽然对汉语拼音相对熟悉，但不建议让他们将汉语拼音和英文字母相结合使用。此外，计算机键盘键位的字母并不是按顺序排列的，小学生面对键盘上各个键位的摆放位置相当陌生，这就导致他们学习打字十分艰难。为提高小学生打字能力，首先，应该规范学生的课堂常规，端正坐姿，养成良好习惯；其次，应用打字游戏提高学生打字兴趣，选取最便于教学的打字游戏练习软件，让学生在游戏中掌握打字的基本功要领。熟练打字技术后，就可以教授小学生利用简单常用的搜索引擎去搜索多媒体信息，比如百度、搜狗、谷歌等浏览器，只要打字输入想查找的名称，就可以获取相应的多媒体信息。总而言之，小学生多媒体信息搜索素养的培养，第一步就是要熟练打字技术，接下来才是搜索引擎的使用。

（三）多媒体信息道德素养

多媒体学习的兴起和青少年网络信息群体的日益庞大，也对小学生的多媒体信息道德素养和多媒体网络德育工作提出了新要求。随着年龄的增长，儿童对外界事物的看法逐渐摆脱主观、片面、孤立的状态，形成了客观的、联系的认识体系。因此，从小学就开始加强多媒体信息道德素养的培养十分有必要。多媒体信息道德素养是一种要求多媒体学习者在了解多媒体网络知识的基础上，正确使用和有效利用网络，理性地使用多媒体网络信息为个人发展服务的综合能力。小学阶段原本就开设有道德与品质相关课程，可将德育课程与信息技术课程相结合，全方位开展多媒体德育工作：在多媒体教学中渗透美学教育，提高学生审美情趣，增强自身甄别力；加强教师个人多媒体网络知识素养，以身作则紧绷德育弦；注重网络法律法规教育，促进学生网络道德形成；积极推荐优秀健康的网站，引导学生正确使用网络资源。就国外网络道德教育而言，日本在信息德育方面有一些成功的做法，如：推进制定、完善信息道德教育相关法律法规，首先有针对性地出台法律法规，其次推进与加强现有政策措施和法律法规的实施与执行力度；落实责任、多方协作参与信息道德教育，一方面学校要承担起信息道德教育的重要使命，制定切实可行的教育目标、内容及实施办法，并且落实到具体的法定课程当中，另一方面家庭要及时发挥其监督引导作用，此外社会各界要建立严格的信息道德规范制度，创建一个良好的信息化大环境；建立健全学校网络信息安全监察机制。

第二节　多媒体学习的主体——中学生

随着信息化程度的不断加深，信息技术对教育的革命性影响日趋明显，多媒体学习已经成为中学生的重要学习方式。中学阶段分为初中和高中两个阶段，是学生完成基础教育、进入社会工作或接受高等教育前的重要学习阶段，是培养学生适应未来社会挑战必须具备的核心素养的关键时期。

一、中学生多媒体学习的基本要求

当前，多媒体技术已经成为课堂教学、在线教学的主要工具，它的广泛应用改变了传统课堂的教学方式，信息技术进一步支持课堂教学从教师中心转向学生中心，技术从单纯地提供多媒体演示逐渐成为中学生自主学习、合作探究的学习工具。中学阶段是个体生长发育的迅猛时期，在信息化大环境下，中学生多媒体学习的基本要求应当包括多媒体知识、多媒体技能和多媒体态度。

（一）多媒体知识

多媒体知识是中学生进行多媒体学习的基础，没有系统的知识、缺少必要的理论，就不能有效地进行多媒体学习。所谓多媒体知识，首先要知道什么是多媒体。不同的人对多媒体这个术语有不同的理解，多媒体最简单的形式就是使用带打印文本和插图的课本进行教学。多媒体学习专家迈耶教授在其《多媒体学习》一书中，把多媒体定义为用语词和画面来共同呈现材料。他认为，多媒体学习是从语词和画面中学习，故而多媒体知识即与语词和画面共同呈现材料相关联的系列知识。对于中学生多媒体知识的学习，可以从中学阶段所涉及的课程出发，对专业性的多媒体知识进行系统化的梳理，通过归纳总结提高，实现知识的系统化、抽象化。只有全面、系统、先进的多媒体知识，才能保证中学生多媒体学习能力的提高，保证学生从狭隘的具体经验上升为全面的解决类型问题的能力，进而形成创造创新能力。因此，系统的多媒体知识与理论是中学生多媒体学习的基本要求之一。

（二）多媒体技能

多媒体技能是问题解决的有效手段，中学阶段要求学生能够掌握多媒体信息技术运行的基本原理，能够积极地、创造性地运用多媒体技术解决问题。人既是技术的使用者又是创造者，中学生有必要学习初级的计算机语言和编程，掌握多媒体技术的基本原理，并能将之应用于解决实际问题，利用多媒体技术进行创造与创新。同时，中学生要意识到多媒体技术对生理和心理健康的影响，能从社会、经济、伦理等方面批判地审视多媒体技术。小学阶段注重培养学生使用数字应用创建简单文本、音频、图像的能力，让学生有意识地运用计算思维完成简单任务。中学阶段逐步提升学生运用多媒体技术的能力，强调创新性、编程学习的重要性，让学生能利用计算思维解决复杂问题。

（三）多媒体态度

态度作为一种心理准备状态，是个人对他人、对周围事物，以及对某种社会现象的一种内在的反应倾向。人本主义学习理论认为，学习是情感与认知相统一的精神活动，不能脱离学习者的情感变化而独立进行。多媒体技术在教育教学中的应用形成了人与设备之间的多维联系网络，然而学习不能重知识轻情感，尤其是对于青春期的中学生，积极的态度是取得良好学习效果的重要一步，正确的多媒体态度也是中学生进行多媒体学习的基本要求之一。从本质上来讲，一方面，中学生的情绪态度能够反映其对教学内容、教学媒体、教学环境的偏好，有助于挖掘深层次的认知风格和学习兴趣；另一方面，情绪态度能够反映中学生的知识水平、认知结构、学习动机，研究影响学习者主观学习体验的机理，有助于剖析深层次的学习发生机制。学习态度作为影响学生学习效果的一个重要因素，在很大程度上决定了学生学习的深度、广度、速度与效率，多媒体教学中应该充分调动与激励中学生积极的学习态度，充分利用情感因素，并且努力营造一个融洽友好的教学环境，不仅有助于中学生知识的习得，而且可以促进中学生在态度、性格、自我价值理论、兴趣、意志、性格等诸方面均衡合理地发展。

二、中学生多媒体学习的能力素养

多媒体学习的过程包括浏览行为、检索行为和阅读行为三种基本行为，这三种基本行为都要求具备相应的多媒体学习能力作为支撑，其中多媒体信息浏览能力在小学处于最佳培养阶段，多媒体信息检索能力是信息搜索能力的深层次提升且适合在大学阶段培养，而多媒体信息阅读能力则需在中学阶段大力培养。多媒体信息阅读能力、多媒体信息辨别能力和多媒体信息筛选能力等都是中学生多媒体学习能力素养的重要组成部分。

（一）多媒体信息阅读能力

多媒体信息时代与传统的纸质传媒时代在学习材料的阅读方式上存在很大的不同。所谓多媒体，是多种媒体的综合，一般是两种或两种以上媒体，包括文本、声音和图像等多种媒体形式，多媒体学习则是结合多种媒体进行学习的新型学习方式。多媒体的本质决定了阅读多媒体学习材料时需要考虑多方面的媒体影响，而非单一媒体。传统的文本所表达的信息是单通道、线性的、单一的；而多媒体所表达的信息是具有多维特性的，是多通道的。因此，利用多媒体材料的学习，要通过阅读多媒体信息来理解多媒体信息所表达的意义。中学生多媒体信息阅读素养，就是中学生应该掌握的从多媒体学习材料中准确、全面地获取多媒体信息意义的能力。中学阶段，教师主导着学生的学习，不需要过多理论的灌输，要教会中学生如何阅读多媒体信息，举例说明是很好的教学方式。比如，向中学生展示烟花绽放的动画，学生们能够直观地看到烟花腾空再散开，发出耀眼的光芒，但往往会忽略烟花绽放时发出的爆炸声。这就是一个漏洞，需要告诉中学生拾取多媒体信息要从多个方面考虑，必须全面地拾取多媒体信息，包括文字、图片、声音、动画等，准确且完整地阅读是进行多媒体学习的第一步，也是基础且十分重要的一步，只有获取了全面的多媒体信息才能使多媒体学习准确、完整，不出现偏差。

（二）多媒体信息辨别能力

学生们在小学阶段已经掌握了一定的多媒体信息道德素养，因而在此基础上，在中学阶段应该具备了一定的信息辨别能力。随着以 QQ、微博、微信等为代表的社交媒体的普及，青少年随时随地可以接触到各类网络信息，然而网络言论的真假以及价值观是否正确都有待进一步考证。中学生处于身心发展产生巨大变化的青春期，我们更应该保持清醒的头脑，在正确的引导下让中学生形成多媒体信息辨别能力。这要求中学生做到从客观的角度认识信息技术的优势和局限性，了解信息安全风险，要有网络安全意识，具有一定的信息安全常识，能够管理、保护好个人资料，同时尊重他人隐私，对假广告、假消息做到不理会、不传播。学校和家长要经常对中学生进行网络信息安全教育，主要注意以下问题：①网络交友要谨慎，注意区分网络与现实的区别；②不要在非正规的网站留下任何个人真实信息（包括姓名、年龄、家庭住址以及就读学校、班级等），或者把这些信息透露给其他网友；③在网络活动中，应守法自律，能够分辨网络上有害的、不实的信息，不要受不良言论和信息的误导，不要参与有害和无用信息的制作和传播；④在不了解对方的情况下，应尽量避免和网友直接会面或参与各种联谊活动，以免被不法分子钻了空子，危及自身安全；⑤应在家长的帮助和指导下进行网络购物或交易，事先对商品信息或交易情况进行核实，不轻易向对方付款或提供银行卡密码，警惕网络诈骗。

（三）多媒体信息筛选能力

学生在多媒体学习过程中，必然会遇到信息的筛选和选择问题。多媒体信息筛选能力不仅包含广义信息的筛选，即信息的甄别筛选，也包括狭义信息的筛选，即使用筛选工具进行信息的筛选。信息的广义筛选主要强调前面阐述过的多媒体信息辨别能力，而当信息技术成为多媒体学习和生活必不可少的工具时，信息化社会也要求中学生掌握一定的计算机办公软件的操作应用，包括其中一些狭义信息的筛选工具的使用，即要求中学生掌握一定的多媒体信息筛选能力。以 Microsoft Office 旗下的 Word 软件和 Excel 软件为例，在筛选方式上 Word 有查找替换功能，Excel 有筛选功能。Word 是目前较为通用的文字处理软件，该软件有一项实用的查找和替换功能，可用快捷键 Ctrl+F（查找）和Ctrl+H（替换）打开。中学信息技术课堂应教授学生具体操作，灵活使用该操作能极大提高学习和工作效率。Excel 是一款电子表格软件，主要用于数据表格的制作，其功能比较强大，当查询的数据较多，或者要把查询的结果汇总成表时，需要使用筛选工具，使用自动筛选或高级筛选找出最终需要的部分内容。

第三节　多媒体学习的主体——大学生

多媒体教学作为一种新型的现代化教学模式，已经得到越来越多的推广和应用。在大学课堂教学中，采用多媒体技术来进行辅助教学也已经成为一个不可或缺的手段。高校是培养人才的摇篮，是打造和培育 21 世纪国家建设接班人的重要基地，未来大学生创新能力及整体信息素养的高低，直接关系到未来国家的发展。

一、大学生多媒体学习的基本能力

当今，多媒体技术已经成为大学课堂教学普遍应用的教学技术，而大学生应用多媒体工具进行学习也日趋常态化。结合大学生的身心发展特质及信息化社会对大学生的能力要求，大学生多媒体学习的基本能力应该包括多媒体信息检索能力、多媒体信息阅读与理解能力、多媒体信息真伪与价值辨别能力，以及多媒体信息表达与运用能力。

（一）多媒体信息检索能力

多媒体信息检索能力是大学生良好信息素养的必要条件，面对浩瀚的网络信息资源，如何利用恰当的方法和工具，准确地检索出自己想要的信息，并将信息合理地分类、管理，甚至利用信息创生价值，完成这个过程是大学生应该具备的基本能力之一。现今绝大多数高校都开设有信息检索相关课程，在教学上采用"课堂讲授＋教师操作演示＋学生上机实习"相结合的经典方法。有学者设定大学生信息素养指标体系时，将信息检索相关内容确定为四个方面：①从多渠道获取信息，如图书、期刊、报纸、电视、广播、网络等；②考虑信息获取的经济性问题（经济成本、时间成本等）；③采用多种方式进行检索（如搜索引擎、数据库等）；④选择合适的检索技巧(如关键词检索、搜索引擎分类检索、高级检索等)。大学生基本的信息检索工具可以分为搜索引擎、OPAC（联机公共目录检索系统）和数据库三类。有研究表明，大学生在查找相关信息时主要使用搜索引擎，如谷歌、百度等工具，搜索引擎的使用倾向远大于 OPAC 和数据库检索的使用倾向。然而专业的 OPAC 检索平台和数据库平台中学术资源也相当丰富，建议在日常教学中逐步引导大学生利用专业数据库获取信息，为大学生信息检索能力的提升提供有效手段。

（二）多媒体信息阅读与理解能力

学生们在中学阶段已经具备了浅层的多媒体信息阅读能力，了解了多媒体所表达的信息是具有多维特性的，是多通道传递的，但对于其中的理论原理不甚了解。多媒体信息阅读是信息理解的基础，大学阶段对多媒体学习的认知应该上升到理论层面，理解多媒体学习的双通道加工理论，即人们对视觉表征和听觉表征的材料拥有单独的信息加工通道，人类信息加工系统包括视觉／图像加工和听觉／言语加工双通道。然而随着多媒体学习与各学科的深度融合，多媒体学习过程中的信息加工已经不仅仅通过双通道来完成，交互学习行为在学习过程中也非常普遍，多通道加工的趋势已经非常明显。这表明，尽管多媒体信息通过一个通道进入信息系统，但是学习者也能够转换表征方式使其能在另一条通道也得到加工。当学习者能够给任务分配足够的认知资源时，最初呈现给一个通道的信息也可能在另一条通道获得表征。例如，电脑屏幕文本可能最初在视觉通道加工，因为它首先是呈现给眼睛的，但是一个有经验的阅读者可以在心理上把视觉表象转换为通过听觉通道加工的声音，即当文本表述雨滴落下的声音，阅读者能很自然地"听见"雨滴落下的类似于吧嗒吧嗒的声音。学习多媒体学习的相关理论对多媒体信息的全面阅读及有效理解有重要的促进作用。

（三）多媒体信息真伪与价值辨别能力

随着年龄增长，学识逐渐增加，心智逐渐成熟，学生对事物的辨别能力也逐渐增强。小学阶段进行多媒体信息道德素养启蒙，中学阶段辨识网络与现实的区别，大学阶段则应该掌握更高层次的多媒体信息真伪与价值的辨别能力。这里的辨别真伪可以上升到学术真伪程度，比如引起人们关注的"熟鸡蛋返生"假论文事件，它颠覆了人们最基本的常识，反智反科学色彩过于浓厚，对于这类学术"伪科学"，就要求当代大学生有清晰的辨别能力去判断真假，坚决反对学术造假。面对形形色色的多媒体信息，信息辨别能力很大程度上依靠自己的价值判断，而价值判断是直接由学生的价值观决定的。对于提高辨别能力，首先要培养独立思考、全面判断的能力。除了辨别真伪，辨别多媒体信息价值的能力也非常重要。衡量多媒体信息价值多大，是重要信息、一般信息还是无效信息，一方面要从信息来源考虑，往往官方发布的信息可信度较高，因此务必浏览正规网页以获取信息；另一方面，多媒体信息价值大小也要从个人目标需求去考虑，有时候可能并不是信息无意义，而是对这个问题的需求无意义。

（四）多媒体信息表达与运用能力

现代社会，互联网这张无形的大网把世界各地的每一个人紧密联系在一起，随着微博、微信、知乎、抖音、B 站等众多社交平台的兴起，每个人都可以创建属于自己的多媒体主场，在微博、知乎等发表观点，用抖音、B 站等记录生活。在这样的多媒体网络大环境下，大学生处于由学生身份转换到社会职场人的过渡阶段，熟练掌握多媒体信息表达与运用能力十分重要，也十分有必要。媒介平台一般可以分为传统媒介平台和社会化媒介平台，以报纸、广播、电视等为代表的传统媒介平台都是单向化的、中心化的，是一个单向传输的信息平台；而以微博、微信、抖音、B 站等为代表的社会化媒介平台则是双向互动、去中心化的传播。社会化媒介平台的双向互动，可以为大学生的未来职场提供更多的机会和可能性，比如创建个人论坛号，发表个人观点；创建微信公众号，撰写微信推文；创建个人视频号，拍摄剪辑生活视频；等等。网络社会离不开多媒体信息的表达与运用，大学阶段应该不断探索网络媒体的多样化功能，每一次的尝试，都是个人能力的提升，也是未来就业的筹码。

二、大学生多媒体学习的信息素养

目前，我国对大学生信息素养的培养是不健全的，大部分高校只侧重于对学生的信息知识和技能培养，并不注重大学生应用信息技术进行学习、工作和实践的能力培养。高等院校有各式各样的人才培养模式，这些已有的培养模式中很大部分已经不能完全适应当前信息社会的要求，迫切需要进行改革和创新，需要一个满足信息社会需要和体现信息技术特点，符合学生成长规律、符合学科专业特点和高等院校运行机制的培养模式。在此，参考李智晔教授提出的通识信息素养、专业信息素养、实践与创新信息素养"三层次四年一贯制"培养模式，为大学生多媒体信息素养的培养提供方案策略。

（一）多媒体通识信息素养

第一层次——通识信息素养的培养，主要在大学一年级进行培养。大学生在第一学年，一般是接受通识教育，包括政治思想类课程、数理类课程、英语和体育类课程、专业入门类课程等，为以后的专业学习打下必要的基础。虽然信息技术在初中、高中阶段已经有所学习，但远未达到大学生多媒体信息素养在通识阶段的要求，所以，在第一学年要加强信息技术方面的基本知识学习和能力培养，为第二层次信息素养的培养奠定基础。通识信息素养培养阶段主要包括以下知识内容：计算机发展史、计算机的结构与功能、互联网、数码摄影、数码摄像、图像处理、信息与数字信息查询、网页制作、程序设计等等。所有知识内容可整合为"计算机基础""数字媒体与应用""C 语言程序设计"等三门课程，第一学期开设"计算机基础""数字媒体与应用"，第二学期开设"C 语言程序设计"。在教学中着重使学生掌握这些相关基础知识，"计算机基础"培养学生掌握计算机基础知识和基本技能，了解计算机的应用领域及其功能，掌握计算机操作的基本技能、计算机网络的基本知识和操作技能、办公自动化常用工具的使用方法，了解互联网（Internet）的一般知识。"数字媒体与应用"要求针对网络、影视媒体技术的特点，系统地掌握各种数字媒体制作与发布技术方法。"C 语言程序设计"要求掌握 C 语言程序设计的基本知识和程序设计方法，培养学生计算机程序设计的能力和素质，逐渐培养计算思维方法。

（二）多媒体专业信息素养

第二层次——专业信息素养的培养，一般是在大学二年级开始。进入第二学年，大学生的主要课程也进入专业学习阶段，该阶段信息素养的培养主要是结合学科专业的学习来进行，要把信息技术作为学习专业知识、形成专业技能的工具，帮助学生有效地提高学习的绩效。专业信息素养培养阶段主要包括以下内容：学科专业信息的查询分析和处理、专业软件的使用、专业网站的建设等。这一阶段的主要任务是结合专业知识的学习，给学生提供学习专业知识的信息技术工具和手段，培养学生利用信息技术手段提高专业学习的效果和效率，课程内容可以单独设置一门，也可以有计划地渗透到相关的专业课程中进行。不同的专业所学内容是不一样的，具有学科的特点，比如师范专业的学生，一般要学习教育类信息资源的查询方法、微格教学系统的使用、多媒体教室的使用、SPSS（统计产品与服务解决方案）软件等；如果是英语师范专业，

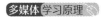

还要学习语言实验室的使用等；如果是医学专业，可能还要学习"远程诊断治疗系统的应用"等。总之，专业信息素养的培养，一定要结合专业特点来进行，在专业学习的过程中不断进行强化。

（三）多媒体实践与创新信息素养

第三层次——实践与创新信息素养的培养，一般是从第三学年的后期开始，重点在第四学年进行培养。这一学年大学生的专业学习一般也进入了实践研究阶段，他们有专业实习、毕业设计等学业任务。根据这个阶段的特点，要结合具体的实践活动和研究任务，让大学生充分利用信息技术来进行研究与实践，并初步培养他们应用信息技术进行创新的能力。这一阶段主要是培养学生利用信息技术手段进行工作实践和研究创新的能力，一般以任务驱动的形式来进行，可以采用近年较为热点的项目教学法，由教师来引导学生，共同完成一个项目。在此过程中，学生不仅掌握了教学计划内的教学内容，同时也获得了相应的实际应用经验。值得注意的是，在完成项目的过程中，教师不宜全程参与，只需在出现难点和重点的时候给学生以适当指导，尽量让学生独立处理项目工作中遇到的细节和困难，培养学生的实践动手能力，做到边思考边动手。比如可以让学生制作具有个人特点的网页、博客、简历等，结合教师和学校的教学科研项目，让学生在相关教师的指导下进行实践，进而在实践的基础上进行创新，最终做出相应的研究成果。此外，也可以通过参加一些创新性的信息和媒体类大赛，结合专业实践实习、毕业设计（论文）来培养学生利用信息技术进行实践研究的能力。

三、大学生多媒体学习的实用技术

大学是个体由学生时期走向社会的一个过渡时期，除了应该掌握一些多媒体学习的基本能力和信息素养，还应该为自己未来的职业规划铺垫一定的多媒体实用技术。多媒体技术的核心，就是运用计算机对文本、图像、声音、动画、音频、视频等多媒体信息进行综合处理，使内容更加丰富、生动，而多媒体文本、动画、音频、视频素材的制作与处理，应该根据不同的目的，采取不同的方法。

（一）多媒体文本制作

多媒体条件下的文本制作不是以单一文字排版的形式呈现内容，而是在文档中插入图形、图片、图像、表格、声音、动画、视频等而形成的多媒体文本。目前多媒体文本制作工具均朝着操作简单、功能细化的方向发展，最常用的文本制作工具有 Microsoft Office Word 和 WPS，它们都是具有多媒体超级文本编辑功能的文字处理软件，都属于常用的办公软件，可以进行文字处理、表格制作、幻灯片制作、图形图像处理、简单数据库的处理等方面的工作，可以制作各种图文并茂、有声有色的超级文本，如贺年卡、多媒体讲演稿等。这两款文字处理软件的主要区别在于：①公司不同，WPS 是中国金山公司的产品，而 Word 是美国微软公司的产品；②功能上，Word 功能比 WPS 多，但是需要应用者主动发现并应用；③ WPS 能提供更多的现成模板，操作更加快捷方便；④两者功能几乎相同，但是 Word 要购买后使用，WPS 可以免费使用。另外，Microsoft Office Excel 软件是常用的表格制作软件，广泛应用于各行各业的财务、统计、预算等领域，也辅助于日常的文本制作。这几种文本制作工具都是大学生多媒体学习及日常生活中实用且必备的，应用范围广泛，大到社会统计，小到会议记录，数字化的多媒体学习，都离不开多媒体文本制作工具的鼎力协助。

（二）多媒体动画制作

多媒体动画制作是能够实现文字、图像、声音三种媒介一体化的一项实用技术。传统动画可以定义为一种通过一系列连续画面来显示运动的技术，通过一定的播放速度来达到连续运动的效果。而计算机的出现也产生了计算机动画，逐渐衍生为现在的多媒体动画。多媒体动画制作技术应用范围广泛，常用于广告宣传、动画制作等行业，多媒体教学逐渐成为主流后在教育领域应用广泛。以教育领域为例，有些教学内容是无法或难以给学生直观的感性认识的，从而增加了学生理解所学内容的难度。如分子结构的空间组织情况、电流和电压的变化关系等，如果利用多媒体动画对诸如此类的教学内容进行模拟，则可以将它们形象、生动地表现出来，非常有利于学生理解抽象的教学内容。目前Windows 电脑操作系统下多媒体动画图片的合成与制作，可采取相对简单高效的 Flash 和 PPT（PowerPoint）相结合的方式制作多媒体动画课件，取各家之长，以 PPT 为基础制作一般的文字和图片型 PPT 课件，而对于一些需要过程动画演示的原理性内容和交互性环节，则采用 Flash 来制作，然后将 Flash 动画整合到 PPT 课件中，以达到省时省力、事半功倍地制作高质量课件的目的。多媒体动画技术的应用潜力非常大，不论是在教育领域还是广告设计等其他领域，都值得进一步探究和挖掘。

（三）多媒体音频处理

多媒体音频处理是多媒体技术的重要组成部分，具有增强多媒体信息呈现效果的作用。音频带给人的想象和思维空间极其丰富，有时候一段音频或效果声，远胜于一大段文本的表达。关于多媒体音频素材的处理，最核心的问题就是数据压缩的问题，根据需要，制作成不同压缩比、不同格式的音频文件，使之既能适应计算机的数据处理能力和网络的传输速率，又尽可能保证视听素材的质量，在两者之间找到一个最佳平衡点。比较常见的多媒体音频格式主要包括 AIFF、MPEG、WAVE 与 Real Audio 等。AIFF 文件指的就是音频交换文件，该文件的命令格式就是 .AIF/.AIFF。对于 MPEG 音频文件，其格式具体为 .MP1/.MP2/.MP3，这种类型的文件，在进行压缩方面有着较高压缩率。WAVE 文件属于当前应用十分普遍的一种声音文件，但是这种文件所需要的内存空间比较大，在实际应用过程中通常都会对其进行转化，使其成为内存比较小的文件格式，以实现更好应用。Real Audio 文件格式属于当前比较新颖的一种流式音频文件，这种格式的文件通常都是以 .RA/.RM/.RAM 结尾的，可以使音频信息在网络上实现实时传输，以满足音频文件的传播需求。对于媒体音频文件，其格式通常为 .WMA，类似于 MP3 格式，然而在编码字节率方面的要求比较低，相对 MP3 格式的文件更受欢迎。目前多媒体音频处理的软件众多，以 Adobe Audition、Cool Edit Pro、Wave Editor 等应用软件为典型代表，大学生至少要精通一至两个音频处理软件。

（四）多媒体视频剪辑

剪辑是视频编辑中一个重要的步骤，在数字视频剪辑中合理利用多媒体技术已成为数字视频剪辑水平不断提升的必由之路。多媒体视频编辑是运用软件删减不需要的视频片段，连接多段视频信息，在这个过程中镜头的组接必须符合观众的思维逻辑、思维方式和影视表现规律，它还与素材采集、转换及整理等环节紧密相关。非线性编辑是多媒体技术和传统设备相互结合的产物，它运用数字化形式将所有的视频加以记录并且把它们存储在硬盘上，再利用多媒体技术交互性的特点对存储对象进行多次更新和编辑。而视频剪辑软件是对视频源进行非线性编辑的软件，属于多媒体制作软件范畴。以多媒体技术为支撑，较常用、较典型的几款视频剪辑软件有：① Adobe Premiere 软件，这是最近几年非常流行的非线性视频剪辑应用程序之一，方便易学，其操作和其他软件剪辑视频大同小异，但剪辑中，制作人员需要等进度条走完全程，才能进行编辑，以防后续生成好的视频没有声音的情况发生。② Vegas Movie Studio 软件，这是一款比较优秀的视频编辑软件，其画质特效得到很多专业人员的认可和称赞，在专场特效、文本动画、片头字幕和动态全景等方面都做得非常好，而且软件所占空间相对于其他同类型软件来说比较小。③会声会影软件，具有操作简单、速度快、效果突出、成批转换等特点，可以在 MP4 和手机等移动设备上播放、编辑、输出高清视频。

第四节　多媒体学习的主体——社会学习者

在全球化、信息化加快发展的时代背景下，终身学习成为提升全民生活品质的重要途径，教育已成为包括教师、医生、工人、农民等在内的所有人的事情。教育要尽可能随时随地满足成人的学习需求，使社会上的职业工作者群体也可以成为主导自我发展的社会学习者，而多媒体信息与技术无疑促进了社会学习者的自我发展，为社会学习者提供了更多学习的可能与便利。

一、社会学习者多媒体学习的必备能力

社会学习者基本上是已经完成学校教育的成年人。成人面广、年龄相差大，决定了成人的多媒体信息素养教育范围广泛。从信息的获取、加工到应用，社会学习者进行多媒体学习时必须具备多媒体信息搜寻能力、多媒体信息辨别与理解能力、多媒体信息表达与运用能力，以及多媒体信息发布能力。

（一）多媒体信息搜寻能力

生活在多媒体逐渐成为主流媒体的信息化社会，人们经常需要获取各种学习、生活和工作所需要的相关信息，如果没有这些信息的支持，一个人的工作与生活就无法正常进行，无法与别人进行沟通与交流。要想获取多媒体信息，首先要能够找到这些信息，所以，多媒体信息搜寻能力是非常重要的，它是人们利用多媒体信息的第一步。它已经成为信息社会人们的学习能力、工作能力和生存能力的核心内容，而搜寻多媒体信息的准确性与快捷性是这一能力的标志。目前，主要通过搜索引擎如百度、谷歌等专业工具或是一些大型网站自带的搜索工具来搜索多媒体信息，或者通过数据库输入标题名称、作者或关键词等来搜寻。而社会学习者最常接触到的搜寻工具有百度、谷歌等搜索引擎，也有属于个人职业领域的专门数据库。不同搜索引擎、不同数据库的存储方式有自己的特点，这需要社会工作者在实践运用的过程中去体会、揣摩相关的使用技巧，通过实际运用来不断地提高多媒体信息搜寻能力。

（二）多媒体信息辨别与理解能力

丰富的多媒体信息给人们提供价值与便利的同时也存在一定的隐患，在巨量的多媒体信息中，大量的不实信息或虚假信息可能给人们的决策带来负面影响，甚至诱导做出错误的决策。因此，社会学习者利用多媒体信息的一个前提就是要具有鉴别多媒体信息的真伪及价值大小的能力。一般来讲，鉴别的方法

有以下三种：一是依据多媒体信息创作者的信度大小来判断，如果这个创作者是自己比较熟悉的专家或可信者，则他创作或提供的多媒体信息具有较高的可信度，可以放心使用；二是依据网站可信度的高低进行鉴别，政府机构、研究机构的网站提供的数据和信息一般是相对可信的；三是一些大型公共网站具有较高的可信度，因为给这些网站上传各种信息要经过一定程序，进行比较严格的审查与审批。此外，在辨别多媒体信息真伪之后，还要学会通过阅读多媒体材料所表达的信息来理解多媒体信息所表达的意义。准确地拾取多媒体所表达事物的全方位信息，再把拾取到的完整信息进行整合，运用已有经验和知识理解其意义。理解建立在充分阅读的基础上，只有充分地阅读和获取多媒体中所表达的相关信息，才能准确理解，但理解和阅读又不能截然分开，在获取多媒体信息的过程中，阅读和理解相互依赖、相互作用，它们是相互交织在一起进行的。

（三）多媒体信息表达与运用能力

利用多媒体进行学习和生活，只有信息搜寻能力和信息辨别理解能力是远远不够的，还需要把自己的一些思想和想法用多媒体的形式表达出来，与他人交流、分享，这就需要具备运用多媒体进行表达和交流的能力。例如，"原生态果园"的主人想通过网络宣传自家果园，推广生态采摘项目并试图售卖更多的产品，他就要将自己的设计和想法以多媒体的形式呈现出来，这就需要具有多媒体信息表达与应用的能力。首先，设计出宣传方案；然后收集果园的相关资料和信息，分析果园的突出优势，加大网络宣传，以扩大其知名度，吸引更多游客和顾客。整个过程涉及网络营销，主要是以互联网为平台，以网络使用者为中心，以市场需求和认知为导向，借助网络技术及各种网络营销手段，以达到提升市场占有率、提升品牌影响力的目的。多媒体信息的表达类似于运用文字语言进行写作创作，是信息社会人类所必须具备的信息素养。然而多媒体信息的表达能力与文字信息的表达能力有着巨大的差异，表现在思维的方式、表达的方式、表达的习惯等许多方面。多媒体信息的表达有赖于生活经验，更有它自身的法则和规律，需要专门学习和训练，社会学习者可根据自身需求进行相应培训，力图通过多媒体形式使利益和效能最大化。

（四）多媒体信息发布能力

在多媒体时代，我们常常要通过多媒体的形式对外发布信息，表达自己的意见、主张和观点，以达到沟通、协调等目的。在信息社会，意见的发布形式较之工业社会有显著的差异，主要表现在：一是发布意见的介质不同，即由传统介质（如报纸、书籍、期刊等）向多媒体（网站、博客、流媒体等）转变；二是发布的范围不同，即文字语言发布的范围相对较小，而多媒体发布的范围要大得多；三是发布的时效性不同，即两者相比，多媒体信息的发布时效性更强，能达到即时发布与呈现；四是所发布信息的表现形式不同，即多媒体信息主要是通过视频、动画、网页、图片、流媒体等来表现，而文字语言只是单指文字一种。多媒体信息的发布主要通过网络，在各大社交、媒体平台以文本、图片、视频等形式向外界发布，这要求发布者熟悉各种多媒体发布的基本知识、操作技能和要领。比如，从事 HR（人力资源）工作的职员要在各大网络平台发布招聘信息；从事宣传工作的职员需要在网上发布宣传视频和企业文案；甚至上下级之间的工作往来也要通过多媒体的形式表达。由此可见，即使从事个体职业的社会学习者依旧需要具备一定的多媒体信息发布能力，才有助于日常工作顺利进行。

二、社会学习者多媒体学习的关键因素

每个人都是独立的个体，由于社会学习者的特点各异，所从事的行业与工种也各不相同，他们所需要的多媒体信息素养的构成和侧重点必然是不同的，与之相对应的多媒体学习方式也会有所差别，对社会学习者多媒体学习的培养培训工作也要分层进行，并依据不同特点展开。因此，社会学习者的多媒体学习主要由行业特点、职业发展需要及个人兴趣爱好所决定。

（一）行业特点

由于社会学习者所从事的行业与工种不同，他们所需要的多媒体信息素养和能力的侧重点必然是不同的。这些素养是某行业或工种所特需的，也是专业性的。按照社会学习者从事的行业来进行分类，有养殖业、加工业、果品业、外贸业等，甚至可能根据需要分得更加细致。对于从事养殖业的社会学习者来说，他们利用多媒体进行专业性学习必然与养殖业相关而非与果品业相关。同样，如若按照社会学习者从事的工种来分类，每个行业都有上百个工种，比如建筑行业有木工、电焊工、管工、油漆工等，木工需要的多媒体专业性学习必然与木工这个工种相关而非与管工相关。因此，社会学习者多媒体学习的专业性要素必须包括行业工种特点，在对社会学习者多媒体信息素养的培训方面也要按照不同行业及不同工种的特点，进行有针对性、有特色的培训。

（二）职业发展需要

在社会学习者的职业生涯中，职业发展需要也是他们利用多媒体进行深入学习要考虑的关键性要素。多媒体学习能够打破时间和空间限制，在学习时间和学习方式的选择上十分灵活，恰好是身处职场的社会学习者的极佳选择。由于职业发展规划不同，从事某些职业的社会学习者可能只需要掌握最基本的第一层素养和一些专业性的多媒体信息素养即可，在培养时可不再进行深层次的培养。而有些职业可能需要在第一层素养的基础上进行第二层素养的继续培养，甚至是掌握第三层、第四层素养。例如，高校里不同岗位的教职工职业发展需要是不同的，后勤职工和授课教师不同，文科教师与理工科教师也各异。具体的素养分层需要视具体情况而定，但对社会学习者多媒体学习的培养，只有分层、分类地进行培训，才能做到有针对性，才能收到实效，真正服务于社会学习者，调动他们多媒体学习的积极性，切实提高他们的多媒体信息素养。另外，职业发展需要能激发个体外部学习动机，在无形中驱使人们进行多媒体学习，而自主性较高的社会学习者能从中获取更大的学习动力。

（三）个人兴趣爱好

在社会各方面都快速发展的时代，不断学习成了一个人生存和发展的必要条件，而驱使社会学习者进行多媒体学习的另一大关键因素则是个人兴趣爱好。在小学多媒体学习的启蒙阶段就强调兴趣的重要性，对于成年的社会学习者来说，兴趣依旧是最好的老师。学习是学习者与客观世界建立联系的过程，多媒体学习较传统学习能够给学习者呈现更多丰富的学习内容，外在丰富的学习内容只有经过有效加工才能内化成学习者自己的东西，个人兴趣能够让学习者对所学知识进行意义建构，加速个体知识内化的程度，提高学习效率。人们或许出于种种原因，或为转行、换工作做准备，或为工作之余充盈自己的内心，多媒体技术的出现为他们学习个人感兴趣的事物提供了有利条件。

第七章 Q

多媒体学习的客体

◎ **本章内容概述**

多媒体学习有两个主要对象，即学生（学习者）和阅读内容及其呈现方式，前者是多媒体学习的主体，后者是多媒体学习的客体。本章将从多媒体网页结构的研究现状出发，重点讨论多媒体网页信息元的形态及其组织结构、多媒体文本结构的导航策略、多媒体教育网页的视觉特征、多媒体界面的结构特征等内容，并对中国古代多媒体学习客体的应用进行分析与对比。

多媒体学习的主体是学习者，而客体就是学习者获取多媒体信息的载体，也就是多媒体信息与学习者的交互界面，主要有两种形式，即文本界面和多媒体界面。文本界面我们比较清楚，是常见的一类印刷体界面；而多媒体界面常见的有 PPT 界面、视频界面、多媒体教学软件界面等，一般都是以一个个分立界面呈现给学习者。其中多媒体网页界面除了有丰富的多媒体元素，还有各种形式的超链接等交互形式，特别是有滚动条可以上下拉动的网页界面，使一个界面内可以呈现更多的知识内容。实际上从界面结构特征的角度来看，这两种形式没有本质的区别。为了研究多媒体客体（主要以网页为主）的结构特征，首先要搞清楚多媒体界面结构设计的研究现状、构成网页界面的信息元及其组织方式等。

第一节　多媒体界面的结构设计概述

对 2000 年以来在知网上发表的有关多媒体界面、网页面界的研究论文进行检索和梳理发现，20 多年来关于多媒体类界面的研究主要集中在以下几方面。

一、国内关于多媒体界面结构设计的相关研究

（一）关于网页结构设计的研究

Web网页的组成元素主要有文字、图形、视频、声音、动画、交互、导航栏和超链接等，对于网页结构设计的研究主要围绕上述要素展开。刘冰（2001）认为，教育网站的设计主要分两个方面，即教育网站的总体设计和页面设计。总体设计包括网站的主题定位、整体形象设计、整体风格创意设计等；而页面设计可分为一般页面的设计和首页设计，主要涉及版面布局、色彩搭配等问题。张艳琼（2008）在调查研究若干教学类网站后提出了文字的屏幕密度、字体、字号的选择等方面的设计原则。刘世清等（2011，2012）认为当网页界面以文为主时应采用左图右文优选原则和上图下文避免原则；当网页界面以图为主时应采用上图下文优选原则和左图右文避免原则。网页界面以文本—动画为主时，文本—动画类教育网页应采取上文下画的文画俱优选择，以画为主的上画下文亦可选择，左右文画的避免选择的设计。丁海燕（2013）总结了常用的五种网页布局方法：用表格或布局表格的方法进行网页布局；用Fireworks等图像设计软件设计界面并导出成网页格式；使用框架布局；使用层布局；使用div+css布局。何帅森（2017）提出网页版式是新闻网站的窗口，肩负着重要的作用：既要具备引导功能，又要体现美感；既可以用文字来表达，还可以用动画、视频、图片来表达。

（二）关于多媒体界面交互设计的研究

多媒体界面中的交互是界面中的重要元素，对其设计是否科学合理直接影响学习者的学习行为和效果。王荣芝等（2009）指出网络虚拟实验作为远程实验教学支持系统需具备极强的交互性能，而良好的界面交互是虚拟实验系统高交互性能的基础和保证，提出了提高界面交互性能的一些设计原则。孟沛等（2011）则提出了隐喻设计在网络界面交互中的三种模式，即生活体验型隐喻设计模式、角色设定型隐喻设计模式、虚拟情境型隐喻设计模式。周睿（2013）认为，良好的交互界面设计可有效提高网页的登录效率，能传递网站的定位与文化属性，并且进行案例分析，归纳总结出校园社区网页登录界面在导航、布局、背景和文化诉求等方面的界面视觉设计元素。沈玲玲等（2015）从版式整体布局、内容呈现方式、信息传播模式三方面阐述了交互的应用设计。

（三）关于网页界面导航的研究

导航主要指的是指导用户从一点转移到另一点的运行方法，常见于互联网的网站设计，按作用可以分为公共导航、关联性导航和结构化导航三种类型。陈冈（2002）介绍了使用内容表和组件实现目录树导航的新颖实用方法，指出内容表技术可以快速构建导航目录树，而组件技术则可以使页面内容和要素行为分离。王有为等（2010）从系统设计的角度，综合考虑了导航系统的效果和效率，提出了一个离线—在线的系统结构，这是一种通用的、基于访问序列的网页推荐系统，实践表明该系统能为网站的早期访问者提供较满意的推荐。李小明等（2011）认为基于蚁群算法的 Web 站点导航技术，提高了找到用户感兴趣页面路径的准确度，更加能够准确反映出用户的浏览兴趣，所以非常有利于 Web 站点导航的设计。彭浩等（2012）提出导航型网页关键词自动抽取算法 P-KEA，P-KEA 根据 PIX-PAGE 模型的视觉量化结果，能够较准确地找到视觉突出区域中的关键词。魏士靖（2017）总结出，智能手机移动互联网界面导航在设计过程中，首先应该确定与其内容相关的信息，然后指定与之信息相关的导航形式结构，最后尽可能地删减不必要的信息，主界面导航一般由九宫格导航、列表导航、标签导航、旋转导航、侧滑导航及全景图导航等模块构成。

（四）关于网页界面的眼动研究

在国内利用眼动技术来研究网页界面成效比较显著的高校有辽宁师范大学、天津师范大学、南京师范大学、宁波大学和湖州师范学院等院校，主要集中在心理学、教育技术学和计算机科学等学科领域。研究对象主要是多媒体学习材料中的图文位置编排、文字颜色与大小、文字的难易程度、网页视觉搜索、大学生浏览中文教育网页的视觉特征参数、大学生浏览不同结构网页的视线规律和人机交互对象排列方式等的研究。利用眼动仪来研究多媒体学习的视线规律、多媒体阅读材料的排版和颜色、字体对阅读效果的影响等，以此来指导设计多媒体阅读界面。

韩玉昌（1997）通过眼动的实证研究发现：人眼在观察不同形状和颜色时，眼动具有时间序列和空间序列的特性；形状和颜色一样具有诱目性序列特征；眼动凝视点受到刺激所处空间位置的明显影响。杨治良等的研究实验发现，彩色插图组显著优于无插图组，彩色插图组的注视次数明显低于无插图组，回视次数也低于无插图组。关于网页中插入广告的眼动研究中，程利等（2007）认为："网页广告的位置对被试的记忆成绩与眼动模式有一定的影响，表现为上部与中部注视次数增加，注视时间长。记忆成绩也表现为差异显著，中部与上部的记忆效果好。"刘世清等（2011，2012）在不同的背景下，对不同的人群做了眼动仪实验，发现大学生在阅读多媒体网页时眼动轨迹较为稳定，阅读深度受到阅读内容和界面结构的影响，大学生对中间区域关注度更高，网页结构设计中应注意上文下画的设计。栗觅等（2011）发现视觉搜索对周边区域的注视时间和次数显著大于中心区域，视觉浏览没有明显的差异，提出在网页布局时根据用户上网目的不同合理组织网页信息。曹卫真等（2012）发现学习者在浏览教学网页时先注视文字再注视图片，而且文史类和理工类的大学生对图文搭配方式的喜好有所不同。刘星彤等（2016）以凤凰资讯网站为例，对用户在浏览新闻网页时的关注模式进行了分析，经过实验提炼出网页浏览的模式特点。白学军等（2018）经过实验发现，相较于正常无空格条件，儿童在词间空格条件下的平均注视时间较短，表明词边界信息的引入在一定程度上促进了儿童的阅读。

二、国外关于多媒体界面结构设计的相关研究

（一）网页结构设计的研究

MEDIPIX 是韩国本土有名的设计公司，MEDIPIX 的网页设计继承了韩国一贯的网页设计风格：导航明晰、色彩绚丽、布局规整、做工细腻，具有强烈的韩国设计风格。网页设计师朴祥禹的设计作品个性突出，创意新颖，非常值

得我们学习和研究。韩国网站页面的构思已经越来越超脱网站建设的范畴，我们看到几乎所有的韩国精品网站都是全站 Flash 制作，尤其是开场动画。

国外许多网页的设计注重时尚，很有自身的特点，行业明确，功能全面，安全性高，等等。比如，欧美用户不习惯艳丽、花哨的色彩和设计风格，他们比较钟情于简洁、平淡而严谨的风格，即使许多大型网站的网页设计也是这种风格。同时大多数欧美传统网站比较讲究网站的实用性和便利性，他们会花很多时间去制作周到实用的细节。

（二）关于阅读网页的眼动研究

视线追踪技术以用户的视线（eye-gaze）运动为测量依据。而通过分析视线运动模式来了解人类认知过程，这在认知研究中已不是一个新的领域。早在 1976 年，贾斯特和卡彭特（Just & Carpenter，1976）提出，对被试执行认知任务过程中得到的视线运动行为进行分析，可以把不可见的处理过程分解成不同的可视阶段。

基思·雷纳（Keith Rayner）早在 2004 年就指出关于"眼动的研究"已经进入了第四个发展阶段：第一阶段是从 1879 年到 20 世纪 20 年代初期，贾瓦尔（Javal）在 1879 年首次观察人在阅读基于文本的页面时的眼动特征，这是利用眼动开展研究的标志，他指出阅读者视线并不是按页面顺序性进行的，而是按照不规则的顺序进行注视和扫描；第二阶段是从 20 世纪 20 年代初期至 70 年代，这一时期的研究表现为眼动研究和行为主义心理学相联结，此时比较有影响力的研究者有廷克（Tinker）、巴斯韦尔（Buswell）和格雷（Gray）等；第三阶段是从 20 世纪 70 年代开始，"注视"的变化参数对眼动研究起到了极大的促进作用，这一时期的研究以改进眼动记录技术、眼动数据分析方法为主要特征，出现了视线追踪系统与计算机的对接融合，有利于大量数据的收集、分析和处理；第四阶段是从 21 世纪开始至今，眼动技术进一步发展，将高效模拟出阅读时的视线运动轨迹，它的高精准度和高效性逐渐凸显，为研究多媒体学习提供了技术支持。

关于搜索的眼动研究，戈德伯格等（Goldberg et al.，2002）曾指出，用户浏览网页的视觉模式规律近似于"F"形状模式（F-shaped Patten），即用户首先会以水平搜索的方式浏览网页上方区域，接着视线向下移动后仍然按水平方向向右方搜索，而搜索第二区域的长度要短于上次，最后，视线将以时快时慢的速度在竖直方向浏览网页的左方区域。但是尼尔森（Nielsen）认为，这种"F"形状模式更多的是粗略、概括性的形状。

关于网页分栏的眼动研究，欧文斯和什雷斯塔（Owens & Shrestha，2008）指出：在两栏的门户网站中，读者从网页的最上部开始，然后第一行从左到右浏览，浏览行的轨迹呈反转的"S"形；在三栏的门户网页中，浏览者从顶部中间开始，然后也是以反转的"S"形浏览剩余的行栏目。

关于网页构成要素的眼动研究，耶坎等（Yecan et al.，2007）通过对网络在线课程的眼动研究，认为学习者可以同时加工两种信息元素，但是学习者在视频上的注视点要多于在幻灯片上的注视点。西尔等（Cyr et al.，2010）的研究结果表明，颜色对人的行为和情感有潜在的影响。雷纳（Rayner，2004 a，b）主要研究了阅读时知觉范围的大小和词汇对注视时间的影响，并通过眼动实验论证了中英文阅读在此方面存在有着明显的不同。

第二节　多媒体网页信息元的形态及其组织结构

多媒体网页是当前我们使用最多的一种界面形式，随着信息技术的飞速发展，网页的构成要素也在不断地推陈出新，这就要求我们对多媒体界面的认知跟上信息技术的步伐。

一、网页信息元及其基本形态

（一）信息元与网络信息元

信息元是构成信息的最小单位，它完整地表达了一个信息的各方面属性。信息元可以小到一个字、一个词，也可以大到一个段落、一篇文章。无数个信息元的组合就构成了众多消息和知识。网络信息元是构成网页界面的基本单位，它所包含的信息具有一个中心主题，无数个网络信息元就构成了网页的基本内容。

（二）网络信息元的基本形态

当前我们在网络上能够看到的所有信息元可以概括为文本、图形、图片、动画、音频、视频等基本形态，不同形态的信息元具有不同的特征。

1. 文本

文本是一种最常见的信息表达的基本形态。在数字记录方式中，由于文本有着存储空间小、传输速度快、信息量大、易于理解等优点，因而成为网络信息最主要的呈现形态。几千年来，人们已经习惯了通过看书来获取知识，因此，文字记录信息符合人们的认知习惯，是呈现信息的重要方式。

2. 图形

图形是另一种信息元的基本形态。最早的象形文字就是通过"形"来表"意"的。图形是真实世界的一种抽象，它介于文字与真实世界之间，既不过分抽象，也不过于烦琐。一些需要大篇幅文字才能说明的内容，可能用一幅小小的图画就足够了。同时，它的形象性，能够放松学习者的神经，尤其对于儿童，看图学习要比看文字有效得多，也更能激发他们的兴趣。

3. 图片

图片是事物原本形态更真实的再现。相对于文字和图形，图片所需要的存储容量要大得多，所以它在网页中应用时受到一定的限制。如果呈现的信息是关于事物的特征、样貌，用图片就比用文字效果要好。文字和图片在网络上经常搭配使用，文字用以解释内涵，图片用来描述形态。

4. 动画

动画是连续变化的图形或图片，是经过科学设计与制作，并能很好地解释实验的原理与过程，它突破了文字和图片的时间限制，能够完整表述一件事情发生、发展的全过程，同时它比其他形态的信息更具有生动、幽默的特点，能够寓教于乐。如许多公式原理，用动画呈现，比逻辑证明推理，更易让人理

解，使学习者记忆深刻。

5. 音频

音频是一种以数字或模拟信号记录和贮存的声音。声音在教育网页上的应用主要有四个方面：一是呈现乐曲，数字可以记录乐曲，记录音乐信息，再现美妙的音乐，培养学习者的音乐鉴赏能力；二是作为背景音乐，对于那些需要记忆的知识，比如单词的背诵，就可以配上舒缓的音乐，以动听的音乐感染人的情绪，放松人的神经，促进人的记忆力提高；三是记录与重放，人们学习普通话、学习外语，这些都离不开听力，离不开模拟、跟读，信息的音频记录方式能够满足这方面的要求；四是效果音，事物在变化的过程中，除了有形态的变化、动静的变化，还有伴随这些变化而产生的效果音响，效果音的运用有利于再现事物的完整信息。

6. 视频

视频就是活动的图片，配上故事发生的同期声，就能够完整真实地再现现实世界。它能够记录现在正在发生的，甚至可以用虚拟的形式呈现未来可能发生的事情。人们通过观看视频可以清楚地了解事情发生的全过程。视频虽然记录的信息最完整，但它是所有信息元呈现方式中所占存储空间最大的一种。

二、网页信息元的组织模式

要使信息有效地表达事物，符号与符号之间、不同类型的符号之间就需要有各种形式的组合搭配。研究清楚信息的组织方式，才能更好地理解和研究信息的组织模式。

（一）信息组织

信息组织也称为信息元组织，就是信息元与信息元之间的结构、顺序、位置等关系的组合。对于信息组织，有很多不同的定义，比较有影响的有以下几个。宋彩萍与霍国庆（1997）提出："信息组织是将处于无序状态的特定信息，根据一定的原则和方法，使其成为有序状态的过程，其目的是将无序信息变为有序信息，方便人们利用信息和有效地传递信息。"党跃武（1997）将它界定为"信息组织是在信息搜集基础之上进行的信息系统的信息整理和序化工作"。尚克聪（1998）指出，"信息组织就是指采用一定的方式，将某一方面大量的、分散的、杂乱的信息经过整理、序化、优化，形成一个便于有效利用的系统的过程"。其他定义还有：信息组织"是指为方便人们检索、获取信息，而依据一定的规范，将零散、无序的信息予以系统化、有序化的过程"；信息组织"即信息序化或信息整序，也就是利用一定的科学规则和方法，通过对信息外在特征和内容特征的描述和序化，实现无序信息流向有序信息流的转换，从而保证用户对信息的有效获取和利用，以及信息的有效流通和组合"。

信息的组织可以从两个层面来进行分类和理解：一是宏观的信息组织，即广义的信息组织，它涵盖了人类对知识和信息进行组织化、系统化处理的各种不同类型的活动。一般是指以一篇篇完整的文章为组织单元，进行信息的系统化组织工作，主要适用于对网上宏观信息利用搜索引擎、元搜索引擎等方法进行粗略的组织与管理。二是微观的信息组织，是以信息元为组织单元进行信息的系统化组织工作，例如利用网络信息元如何构成网页界面，才能产生良好的认知效果。本节中所述的信息组织，则主要是指微观的网络信息组织，是关于网络信息元与信息元之间的组织，是指为了更方便人眼获取信息以及人脑及时有效地加工信息，以提高认知效果，而依据一定的规则，将零散的、无序的信息予以系统化整合和优化的过程。

有关信息组织研究的内容大致可以分为：①信息组织的理论研究，包括基本概念、组织方法、发展历史、基本原理和原则、研究对象等；②信息组织的具体方式方法的研究，如分类法、主题法、目录组织法，以及分类和编目在网络信息组织中的应用等；③网络信息组织技术的研究，包括元数据、搜索引擎、数据挖掘、在线翻译等。分类法、主题法和搜索引擎等信息组织方式，都是以一篇文章、一个网站等宏观信息为基础，通过对它们的序化、整理，以方便对信息进行分类及检索，这是宏观意义上的信息组织方法。这里主要是在微观层面上，研究信息元之间的关系，它们如何组织、排列和链接，能够有利于学习者的认知，以寻求有利于人们认知的信息元组织模式和方法。

（二）网络信息元组织模式

根据网页界面的结构和设计要求，对网络信息元的结构和链接关系进行各种形式的组织，可以形成以下几大类的组织模式。

1. 纯文本信息元组织模式

纯文本信息元组织模式，是指文本信息元与文本信息元之间的组织结构关系，它们之间不同的空间结构会产生不同的视觉和心理效果。纯文本信息元组织模式按照文本信息元之间的排列方式不同，可分为四个具体的模式。

单列横排纯文本信息元组织模式，是指文本信息在网页上的排列方式为多行单列，这也是我们最常见的排列方式。

多列横排纯文本信息元组织模式，是指文本信息在网页上的排列方式为多行多列，这种模式比较常见于中国学术期刊全文数据库，一般是多行双列。

单行竖列纯文本信息元组织模式，是指文本信息在网页上以竖向排列，顺序为从右向左，这是我国古代常用的文字书写方式。这种模式较常用于呈现富有古文化意蕴的文学作品。

图形式纯文本信息元组织模式，是指文本排列成某种图形的样式呈现在网页上，既说事又表意，如为了表达喜爱之情可画成心形等。

2. 文本—图片（图形）信息元组织模式

文本—图片（图形）信息元组织模式，指一个信息元以文本形态呈现，另一个信息元以图形或者图片形态呈现，两个信息元之间的不同组合方式所呈现出的结构和框架。这里分别采用单个文本信息元和单个图片信息元是为了简化问题，说明方便，多个文本信息元组合成的纯文本信息元也可以看成是一个文本信息元，图形或者图片类推。多个文本信息元和多个图片信息元之间的组合，可以看成单个组合的延伸。

文本—图片信息元组织模式具体可分为四种。

左右式文本—图片信息元组织模式：文左图右式的信息元组织模式，是指文本和图片以左右的方式排列，文字在左、图片在右；文右图左式的信息元组织模式，是指图片和文本以左右的方式排列，文字在右、图片在左。

上下式文本—图片信息元组织模式：文上图下式的元组织模式，是指文本和图片以上下方式排列，文字在上、图片在下；文下图上式的信息元组织模式，是指图片和文本以上下方式排列，文字在下、图片在上。

包围式文本—图片信息元组织模式：半包围式文本的图片信息元组织模式，是指文字把图片半包围的文字图片排列方式，这种模式充分利用空间，显示文字较多，排列相对灵活；全包围式文本的图片信息元组织模式，是指文字把图片全包围的文字图片排列方式。

链接式文本—图片信息元组织模式：文字链接图片式的信息元组织模式，是网页上特有的一种文字图片排列方式，它是基于超文本和超媒体技术实现的。利用超媒体技术，用户可以从一个文本或图片跳到另一个文本或图片，而且可以激活一段声音，显示一个图形，甚至可以播放一段动画；图片链接文字式的信息元组织模式，与上面的文字链接图片式相反，它是以图片信息元为节点，通过它链接到另一个文本信息元上。这种方式增加了网络文本信息元和图片信息元组织的灵活性。

3. 文本—动画信息元组织模式

文本—动画信息元组织模式，是指信息元分别以文本和动画的形态呈现，文本信息元和动画信息元的不同组合所呈现出来的结构和框架。用于教育网页的动画一般是为了表达某一科学内容、解释某一现象而专门制作的，具有一定的教育意义。文本和动画的组合，能够互为补充、相互支持，具体可以有以下几种形式。

动漫式文本—动画信息元组织模式，是指文本和动画的组合以动画为主，文字作为其中的字幕。这和我们通常看到的带有字幕的 Flash 相似。这种组织模式一般用于讲述一段小故事或说理。

演示型文本—动画信息元组织模式，是针对学科教学的一种信息元组织模式。在这种模式中，文字作为定理等理论的阐述和说明，动画是论证部分的形象展示。比如数学科目中求面积的公式；再比如化学实验的现象等。这样的模式比纯文字论证更易让学生理解和记忆，是值得推广的一种形式。

辅助型文本—动画信息元组织模式，是指动画作为文字内容的辅助说明，起到醒目和美化页面等作用。比如在有超链接的文字旁边放一个小动画，读者便能一眼看到该处，起到醒目的作用。

4. 文本—音频信息元组织模式

音频也就是声音，它可以是自然界花鸟鱼虫的叫声，可以是乐曲，也可以是人的声音，甚至是自然界中不存在的由电子合成的声音。文本和音频的组合在网络中也是频频出现。所谓文本—音频信息元组织模式，即信息元分别以文本和音频的形态呈现，文本信息元和音频信息元之间的组合所形成的结构和框架。

文本—音频信息元组织模式主要有以下两种形式。

补充式文本—音频信息元组织模式，是指文本和音频起到互补作用，缺一则读者不易理解网页中所呈现的学习资料。例如，对于英文单词的学习，网页中如果只用文字和音标来呈现，学习者就不能很好地掌握该单词的发音，在此情形下，如果再配上该单词发音的音频，就是一个完整的知识信息，学习者可以很好地掌握。

背景式文本—音频信息元组织模式，是指音频作为背景音乐，文本作为页面的主要内容，背景音乐宜选用节奏舒缓的乐曲，能起到帮助学习者放松精神、集中注意力、提高记忆的效果。目前已经有一些教学软件，采用了背景音乐的方式，比如唐诗宋词等诗词类的教学内容，常常采用这种组织模式。

5. 文本—图片加音频式信息元组织模式

文本—图片加音频式信息元组织模式，就是文本—图片信息元组织模式和文本—音频信息元组织模式的组合，该模式把文本、图片、音频三种形态呈现的信息元聚集在同一个页面内，读者可以从符号、图像和声音三方面获取信息，这比单一通过视觉获取的信息量要大。文本—图片加音频式信息元组织模式，就是文本信息元、图片信息元、音频信息元之间的组合所形成的结构和框架。它们之间的组合有很多种，可以以单一的文本、图片或者音频为主，其他两个为辅；也可以以文本和图片组合为主，音频为辅。三种呈现形态以不同的形式、从不同的角度显示同一个信息，能够增加学习者获取信息的通道，对于学习者的理解、记忆有极大的帮助。

6. 电影式信息元组织模式

电影式信息元组织模式，即视频音频信息元组织模式，指视频信息元和音频信息元的组合所形成的结构和框架，就像我们看的电影一样。这种模式把视频和音频两种呈现形态结合在一起，真实地再现了事物的本来面貌，和学习者生活的环境密切联系，容易产生共鸣。这种模式对于记录史实，反映人物的精神面貌有着独特的感染力和优势。

上述网页信息元及其组织模式，各有其特点，不同信息元之间依靠超级链接进行各种形式的跳转形成超文本，给学习者带来许多阅读的便利，但同时也容易使学习者产生迷航，影响学习的效果。如何有效地利用超链接、超文本，以避免学习者迷航有待我们继续深入研究。

第三节　多媒体文本结构的导航策略

一、超文本与超媒体

超文本（hyper text）是由美国的特德·纳尔逊（Ted Nelson）在 20 世纪 60 年代首先提出来的，它是一种新型的多媒体信息综合管理技术，是一种由节点和链组成的网状结构。

（一）超文本结构的组成要素

节点、链和网络是定义超文本结构的三个基本要素。

1. 节点（nodes）

节点是存贮信息的基本单元，又称信息块，每个节点表达一个特定的主题，它的大小根据实际需要而定，没有严格的限制。节点中的信息可以是数据、文字，也可以是图形、图像、动画、声音，甚至气味或它们的组合等。

2. 链（links）

链表示不同节点间信息的联系。它是由一个节点指向其他节点，或从其他节点指向该节点。因为信息间的联系是千变万化、丰富多彩的，所以链也是复杂多样的，有单向链（→）、双向链（↔）等。链的功能的强弱，直接影响节点的表现力，也影响到信息网络的结构和导航的能力。

3. 网络（network）

超文本的信息网络是一个有向图结构，类似于人脑的联想记忆结构，它采用一种非线性的网状结构来组织块状信息。信息块的排列没有单一、固定的顺序，进出每个节点都有多种不同的选择，用户可以自己根据需要来选择阅读顺序。因此，超文本网络中信息的联系，体现了作者的教学意图与策略，超文本网络结构不仅提供了知识、信息，同时也包含了对信息的分析、推理和整合。

如果网络中节点内不仅有文本、源程序，而且还包含图形、动画、声音及它们的组合等多种信息，即用超文本技术来管理多媒体信息，这种系统则称为超媒体（hypermedia）。

（二）超媒体的特点

超媒体主要特点如下。

①信息被划分成若干个小的"信息块"，信息块之间用链相联结，在超媒体屏幕上，每个窗口显示一个信息块。

②检索查询信息的快捷性和信息传递的交互性。利用计算机的快速检索功能，可以迅速查到超媒体内存贮的任何信息，并且在阅读时，读者可向多媒体计算机提问，由多媒体计算机回答，实现信息的双向交流。

③信息内容的丰富性。超文本节点的信息不仅可以是文字、数据，而且可以是图形、图像、声音等，并且同一信息可用多种形式呈现。

④良好的编辑功能。通过创建、编辑和链接各信息块，使用者可依据不同的应用目的，构建不同的信息结构。

⑤多用户共享信息资源。在超媒体系统中，可以多个用户同时访问数据库。

二、超文本与超媒体在教学中的作用及存在的问题

随着超文本和超媒体研究开发的不断深入和完善，其在教学中的作用日趋强大，主要表现在以下几个方面。

1. 可实现多媒体优化组合教学

由于超文本和超媒体可实现多媒体的各种教学功能，并且集中在一个界面友好的系统中，教师、学生使用起来十分方便，就可以在这一个系统中充分发挥多媒体的教学优势，高效快速地给学生传递知识信息。

2. 可实现多媒体个别化学习

多媒体计算机的普及和功能的增强，为个别化自学提供了更广阔的天地。

3. 可实现网络化的大面积教学

通过互联网可把成千上万的用户连接起来，优化教学资源的利用和配置，实现大面积教学和资源共享。

4. 模拟现实环境

模拟主要是为新知识的学习提供感性经验，更逼真地使学生体验到生活中无法见到或难以进行实验演示的现实、现象。例如：计算机如何工作、月球登陆的情况、飞机模拟驾驶等。这些问题过去只能用文字和图表等展示，而超媒体则可以把声音、图像、动画等整合起来，使学生犹如身临其境，易于收到好的效果。

5. 管理信息系统与办公自动化

超媒体的应用将给教育信息管理和办公自动化带来一场巨大的革命，它可用于对学生学习进度的检测、学习结果的评定、为教学人员提供所需的教育资源的分析报告、管理数据、教育决策分析报告等。

6. 多媒体的电子出版物

超媒体作为一种存贮大量信息的介质，不但可以存贮各种教育信息，而且使用、查找方便快捷，很适宜用来代替各种传统的出版物。特别是对于各种资料手册、百科全书、辞典等出版物，更能显示出它的威力。

我们对任何事物都应该用辩证的观点来对待，既要看到它的长处，也要看到它的短处，做到扬长避短。对待超文本和超媒体也是如此，它们虽然在教学中有许多优势，但也存在许多问题和缺陷。例如：学习者不能很好地控制和运用超媒体系统，也不能有效地选择学习内容和运用学习策略；学习者通过超媒体学习时，需要不断地定位"在哪儿""往哪儿去""怎样去"等一系列问题，这耗费了学习者大量心力，造成认知负荷加重；特别是由于超媒体的信息容量大、内容丰富，超文本的网状结构又极其复杂，学习者在学习过程中容易迷失方向，产生迷航现象，严重地影响学习的效率和效果，也给超媒体在教学中的普及和运用带来困难，所以十分有必要对超文本的内部结构和导航能力进行深入的研究。

三、超文本结构的线性力、自由度和导航力

超文本是由节点和链组成的非线性网状结构，尽管非线性是它的主要特征，但另一方面，它又具有一定的线性特征，而且当设计者对节点的链做不同的设计和取舍时，其线性与非线性的强弱也会发生变化。这两个特性在网络中占据的程度如何，将涉及学习者在运用超媒体学习时是否容易迷航的问题。为此，我们提出三个基本概念：超文本结构的线性力、自由度和导航力，并深入研究它们之间的相互关系，以期为设计超文本的导航策略做准备。

（一）超文本结构的线性力

教科书是在教育史上起着重大作用的媒体，教科书中知识信息的组织主要是以线性方式进行的，即一个知识点、概念阐述完之后，再阐述后继的知识，呈现出一连串的线性关系。人们在学习时，只能沿着已排定的知识结构的先后顺序进行学习，一般不能打乱这种排列形式，学习时不容易产生迷失方向的现象。教材编制时的教学目标能够明确地、较好地在结构组织中得到体现，学习者只要按要求学完教材，就能达到教学目标，这对学习者有很好的引导能力。超文本结构中，各节点之间也存在这种线性关系，我们把这种关系的强弱称为超文本结构的线性力，用 L 表示。

（二）超文本结构的自由度

超文本结构是由许多节点和链组成的，这些节点之间存在着各种各样的朝各个方向、层次延伸的复杂的联系，它们中有的是单向的、双向的；有的是因果关系、从属关系或并列关系等。编制者在组织这些关系时，可以把某个节点与其他节点之间的所有联系都考虑进去，也可以根据需要，有选择地选取其中的一部分，那么对于这个节点来讲，它与外界的联系就存在一个数量、方向的问题，也有一个人们选用了多少的问题。我们把编制超文本结构时所选取某节点与其他节点联系的多少、方向性定义为这个节点的自由度。用整个超文本结构（或某个局部）各节点的平均自由度来表示该文本非线性结构的复杂程度，用 F 表示。那么，自由度越大，则表明该结构可能越接近人脑的思维方式；也就是说，它的非线性程度大，线性关系比较弱。

（三）超文本结构的导航力

传统的教科书上，知识信息的结构一般都是线性排列的，学习者在学习时一般不容易迷航，我们称其有较强的导航能力。但在超文本结构中，由于节点之间的连接十分复杂，学习者一般较难从宏观上把握学习的航向，从而产生迷航现象，也就是说超文本结构的导航能力弱。任何一种知识信息的组织形式内部，或多或少、或强或弱都存在着这种能够引导学习者学习、体现教学目标的因素，我们把超文本结构引导学习者实现教学目标的这种能力定义为超文本结构的导航力，用 P 表示。在这里需要强调指出，导航力不同于线性力，虽然它们之间存在某种正比关系，但它们并不相等，因为导航力除与线性力有关外，它还与自由度及其他因素有关，并且阐述的角度也不同。

（四）导航力（P）与线性力（L）、自由度（F）之间的关系

1.导航力（P）与线性力（L）、自由度（F）之间的函数关系

从上面的定义，我们可以看出，知识信息间的线性力越强，学习者越不容易迷失方向，表现出良好的导航能力，即 P 与 L 之间存在某种正比关系，即

$P(L)$；与此相反，知识信息间的自由度越大，学习时学习者越容易迷失方向，表现出较差的导航能力，即 P 与 F 之间存在某种反比关系，即 $P(1/F)$；可见 P 既与 L 成正比，又与 F 成反比，即

$$P(L/F) \tag{式1}$$

P 除与 L、F 有这种关系，还与其他因素有关，像语言引导、音响、色彩暗示等。我们在此主要研究 P 与 F、L 之间的关系，而将其他因素忽略。弄清 P、L、F 之间存在的这种关系，可以从宏观上指导我们对超文本结构的组织工作。

2. 导航力（P）与线性力（L）、自由度（F）之间的几何关系

为了更直观地理解 P、L、F 之间的关系，我们再来研究它们在几何空间有什么样的关系。用 F、L 作为横、纵坐标轴来建立一个直角坐标系，如图7-1所示。

那么，导航力 P 线将处于 L 与 F 之间的第一象限，根据人们对 F、L 值选取的不同，P 线将在 L 与 F 之间移动。分析其移动情况及 P（L/F）函数关系可知：

当 $L \rightarrow 0$ 时，最容易迷航，$P=0$；当 $F \rightarrow 0$ 时，不可能迷航，P 最大。

经研究发现，这两种极端情况是不存在的，对于一般的知识信息而言，其内部节点间总存在某种固定的相互关系，既有一定的线性属性，又有一定的非线性属性，无论你如何刻意地把它安排成线性关系，但其固有的非线性属性不会改变，表现为既有一定的 L 值（L_0），也有一定的 F 值（F_0）（见图7-1中两条虚线），也就是说 F、L 的最小取值为 F_0、L_0，譬如在讲 $a = \dfrac{V_t - V}{t}$ 之前，必须一一交代 V_t、V_0 的概念，V_t、V_0 之间不是线性关系，而是并列关系，如此等等。相反，也不可能把一些知识信息内节点间的关系完全非线性化。所以，式（1）可进一步修改为

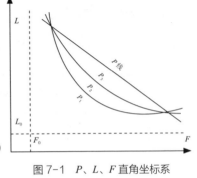

图7-1　P、L、F 直角坐标系

$$P=F\left(\frac{L_1+L_0}{F_1+F_0}\right)$$

（式2）

式中，$L=L_1+L_0$；$F=F_1+F_0$。

根据这个函数关系和 P 线在 L 与 F 之间的移动情况，可以大致勾画出 P 线在 L 与 F 间的轨迹轮廓线，它是一条曲线。不同超文本内导航力与线性力和自由度间的函数关系不同，那么，这些曲线也是不同的，甚至可能是一条直线。当 L 增大、F 减小时，P 值增大，导航力强；反之，导航力弱。

我们从几何形态研究 P、L、F 间的关系，能更直观、深刻地认识 P 与 F 之间的关系，一个因素的增强是建立在另一个因素减弱的基础上的，这为我们编制超文本结构提供了理论依据。

（五）建立超文本结构时应遵循的原则

根据 P、F 之间的这种相互消长关系，在建立超文本结构时应遵循以下两条原则。

1. 自由度与导航力要兼顾

超文本结构的最大优点就在于它类似于人脑的思维结构方式，能充分发挥人学习的潜力，更利于人进行思考和学习；但同时它又存在导航力弱、容易迷航的缺陷，影响学习的顺利进行。为此，必须同时兼顾这两方面，既有良好的自由度（非线性结构），又有良好的导航力，使两者的合力最大，促进学习快速、有效地进行。

2. 根据实际情况，充分发挥自由度的优势

对于不同用途的超文本，其结构中对 P、F 的侧重点应有所不同，譬如字典、百科知识类的超文本，主要是用来存贮信息或作为工具书进行查阅，它就可以充分发挥其自由度的优势；各学科教学用超文本，其结构建立时就要兼顾上述 P、L 二者，但其中有些科目或课题，如动植分类、乐器知识、地理知识等，可据其不同性质，侧重于发挥自由度的作用。

针对不同的阅读对象，他们所用的超文本结构中，对于 P、F 的侧重也应有所不同，像用于中小学生和用于大学生的要有区别；用于成年人和用于未成

年人的要有所区别；有人指导学习的和无人指导学习的要有所区别；等等。总之，应针对不同用途、不同学科、不同读者等情况，有区别地选择 P 和 F。

我们只定性地研究了 P 与 F、L 之间的关系，究竟这个函数的定量关系是怎样的？ P 线在 L—F 之间的哪个区域为优选区？如何定量地描述、操作 P、F、L？这些问题尚待进一步研究。

四、超文本结构的多级主干导航策略

超媒体是一个交互式的信息呈现系统，在每个节点面前，学习者都面临着"在哪儿""往哪儿去""怎么去""学什么"等的选择。因此，学习者必须不断地做出决断，选择下一条路径，以获取所需的信息。同时，需要不断地进行自我评价，调整策略，以防止偏离学习目标。否则，学习者很容易迷失方向，不知道自己处在什么位置，该向何处去。因此，需要超媒体系统提供引导措施，这种措施就是导航，导航策略实际上是教学策略的体现，是一种避免学生偏离教学目标，引导学生进行有效学习，以提高效率的策略。

我们都有这样的经历和体验：当要从 A 城到很远的从未去过的 B 城去办事时，行前总要拿出地图仔细地研究一番，从密密麻麻如蜘蛛网般的地图上找到几条可以到达 B 城的线路，然后再根据自己的身体情况、时间多少、交通情况、费用多少等，从这几条主要线路中确定一条最适合自己的线路，这样做的目的是在到达同样的目的地（B 城）的情况下，花费最少的时间、精力和金钱。这看起来是一件极平常的事，却给我们以许多启示。这交通地图上繁如星星般的城市不就像超文本结构中的节点吗？这条条纵横交错、各种各样的道路（铁路、公路、小路、水路等），不就像节点之间相互连接的链吗？我们通过研究能从地图上确定几条从 A 城到 B 城的主要线路，那么，我们能不能从浩如烟海的网状结构中确定几条学习的主干线呢？答案是肯定的，正是在它的启示下，我们提出了"多级主干导航策略"。

（一）多级主干导航策略的基本思想

我们在"超文本结构的线性力、自由度与导航力"中，详细研究了自由度 F 与导航力 P 之间的关系，它是一种相互消长的关系，即 P 的增强是建立在 F 减少的基础之上的，反之亦然。这种关系为我们制定导航策略提供了理论依据，从而提出了多级、主干导航的策略及应遵循的原则。

主干，即主干线，指的是在超文本结构中的某个局部，选取几条主要的学习路径。主干之外，再辅以其他措施，做到既发挥超文本结构非线性的优势，又不致迷航，有明确的前进方向，能够顺利地完成学习任务，实现教学目标，体现教学者的意图；既适合大面积学习使用，又能兼顾不同特征学生群的使用，并可用于个别学习。

多级，是指一级主干线导航措施，只能解决一个小区域内的导航，仍不能解决更大区域内的导航问题，需要在一级导航线的基础上，再采取二级、三级导航措施，以解决预定超文本结构的导航问题。

（二）主干导航线的选取和类型

在你所选取的超文本结构的某个局部范围内，根据学习目标决定主干导航线的始点和终点（这些始点和终点可能不止一个，也可能有几个并列的始点和终点），可基本上确定主干导航线的大致走向，然后深入研究教学内容和各节点间的关系，选出几条（一般不超过三条）从始点到终点的路径，再结合学生的群体特征，对这几条路径进行修改，目的是适应各种类型的学习者。主干导航线的类型大致有三种：直线型、平行型和交叉型。

主干导航线的类型主要是由知识信息的内部逻辑关系和节点间的关系决定的，不同学科的知识信息，其内部间的逻辑关系是不同的，譬如文科与理科的逻辑不同，百科知识与数学的逻辑也不同，等等。根据教学内容的不同层次、人们对教学信息选取的不同，就可能有不同的主干线类型，譬如牛顿定律从初中一直讲到大学，其内容挖掘得越来越深，并且后面的内容都是建立在前面内容的基础上，像具有这种特性的知识信息，其初中部分的主干线类型肯定不同

于大学部分的主干线类型。

（三）主干导航的辅助策略

我们仅以一级网络为例进行研究，其他各级（后面专门讨论）与此类似。

①选好主干线后，首先对主干线上各主要节点进行进一步的研究，去掉一些（少量的）不必要的链（即减少自由度），而加强与其紧密相关的节点间的联系；其次，对那些非主干线上的次要节点，视其与节点的补充关系及学生特征的重要程度，对次要节点的链进行较多的限制，甚至对一些次要节点可完全取消，以降低迷航的可能性和编制的复杂程度。

②在主干线的各交叉路口及容易迷航的地方，或者需要做说明的地方，提供一些帮助窗口，起到"为您指路""内容说明"的作用。

③在每一节点中设置一个热键，可返回上一个节点，甚至可以从一个主要节点直接返回主窗口。

④在主窗口设置两个分窗口，一个是"使用说明"窗口，对教学内容、教学要求做一些必要的说明，使学生在学习前有所准备，有助于决策和确定学习方向；另一个是"导航图"窗口，把这部分的主干线及有些导航设置（如"为您指路"、说明等），显示在这个窗口，并标明学习者所经过的路线或现在所处的位置，以利于学习者使用。

（四）主干导航策略的多级实施

主干导航只解决了超文本结构中很小的一个局部的迷航问题，而离解决整个超文本的导航问题还相差很远。所以，我们首先按知识信息的性质和相互关系，把超文本中包含的大量信息软分割成具有相对完整性的若干区域，再把这些区域划分成更小的局部，这样一块一块地进行导航。我们把对局部的这种导航称为一级导航。从由局部组成的较大的区域来看，这些由一级主干线组成的超文本框架仍然是网状的，较此前大大地简化了，明了了，却仍可能迷航，还需要导航，所以，采取类似于前面的策略，在这些由一级主干线组成的网状结构上，再选取二级主干线，进行二级导航的策划设计。一级导航的一些具体措施，除一级主干线，其他导航设置在二级导航图中均不显示，只有进入该一级导航范围内，它的具体导航设置才显示在这一级导航图上，依此类推，直至整个超文本的导航问题解决为止。

（五）多级主干导航的顺序和适应范围

从前面我们可以大致看出：在编辑超文本时，主干导航策略的实施是从一个一个局部开始的，即一级导航；然后再到范围大一点的区域，直至整个超文本，即所谓的多级实施。学习者学习时的顺序则相反，先从整体逐渐深入内部，学习者可以从宏观上把握学习的方向，提纲挈领地紧紧抓住问题的关键，不至于迷航，从而较好地完成学习任务。

多级主干导航策略主要适用于那些知识信息之间有一定逻辑关系的结构，不大适用于像百科知识类信息所组成的结构，我们在运用时要有所区别，视实际情况而定，不能教条化和绝对化。超文本结构的迷航问题有许多解决的办法，但究竟哪些方法对导航具有指导作用，哪些办法具有可操作性，这些都有待我们在实际编制和使用中进行进一步检验、充实，才可能形成一套系统的、完整的导航策略。

第四节　多媒体教育网页的视觉特征

多媒体的出现，使我们的学习方式发生巨大的革命，即人们的学习活动主要由基于阅读文本的方式向基于阅读多媒体的方式转变，这两种学习方式所涉及的学习过程与学习心理有着巨大的差异。为了使基于阅读多媒体的学习能更有效地开展，对多媒体学习的过程与心理进行研究具有十分重要的现实意义和时代意义。而利用眼动实验法对网页进行研究，能很好地获取学习者的生理与心理的特征参数，并能推断浏览网页的相关特征。对此，作者研究团队开展了一项名为"大学生多媒体浏览行为特征与视觉偏好"的研究，主要通过三个参数——注视点、注视次数、注视点持续时间的实验统计来推断注视热区、首次注视点和浏览视线规律等视觉特征。

一、大学生浏览单张网页的平均时间

通过眼动实验来探究大学生浏览单张中文教育网页的平均时间有两方面的意义：一是可以知道大学生浏览中文教育网页所花的平均时间，为以后制作网页，特别是使用网页进行教学提供一个关键的时间值，即浏览一张网页所需要的最少时间；二是为后续研究工作——用实验方法研究注视热区、首次注视点和浏览视线规律等提供实验设计的基本参数。

该实验的基本假设是大学生在浏览不同的中文教育网页时，浏览时间大致相同。实验对象为某大学本科生，实验设计采用单因素被试内设计，实验的自变量是浏览不同类型的中文教育网页，它有三个水平：互动学习类、教育科研类和主题资讯类，因变量为浏览时间。数据统计与分析主要利用 PPT 软件自动记录数据，利用 SPSS 软件对实验数据进行分析统计。

通过实验获得大学生浏览单张网页时的基本数据（见表 7-1）。

表 7-1　大学生浏览单张网页时的基本数据

网页类型	平均数 /s	标准差	总数
互动学习	12.27	8.79	580
教育科研	10.76	7.33	580
主题资讯	10.83	7.57	580
合计	11.29	7.95	1740

从实验数据可以看出，大学生在浏览互动单张学习类网页时所花费的平均时间为 12.27 s，浏览单张教育科研类网页的平均时间为 10.76 s，浏览单张主题资讯类网页的平均时间为 10.83 s。主题资讯类和教育科研类的网页，专题性更强，信息呈现更明确。因此，被试在浏览时可以迅速了解网页的内容与用途，进而寻找其所关心的内容来确定是否继续浏览该网页。从合计项可以看出，大学生浏览单张教育类网页的平均时间为 11.29 s。

二、大学生浏览中文教育网页的视觉特征参数

本实验研究的目的是探寻大学生浏览中文教育网页时的注视热区、首次

注视点、视线规律等视觉特征。实验的基本假设是大学生浏览同一网页时其相关视觉特征参数存在一致性。实验对象为某大学本科生，实验设计采用3（浏览时间：小于平均时间、等于平均时间和大于平均时间）×3（网页类型：互动学习类、主题资讯类和教育科研类）的混合实验设计，其中浏览时间为组间变量。因变量是首次注视点、注视次数、注视时间。

实验材料为任意选取的涵盖本研究的三类教育类网页，并将网页平均划分为9个区域（见图7-2），根据本实验的需要利用E-Prime软件将其按照三种播放时间制作为自动播放的同步刺激文件。播放时间确定为以下三种：小于本类别浏览平均时间（<1 s）、等于本类别浏览平均时间、大于本类别浏览平均时间（>1 s）。

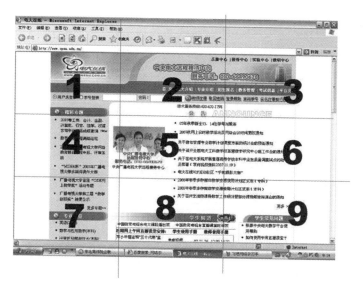

图 7-2 网页区域划分

实验数据处理与分析：由眼动仪对被试浏览网页过程中的眼动数据进行收集，用 ASL 提供的数据分析软件包对数据进行管理和处理。其中，EN-Fix 用来分析被试的注视情况，EN-Fesq 可以将被试所注视的内容分成若干个兴趣区域，并计算出不同区域被试的注视情况，并对 9 个区域中的数据进行分析统计。用 ASL 提供的软件对全部数据进行分析整理后，再用 SPSS 软件对数据进

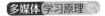

行统计处理。

（一）实验数据的总体分析

1. 大学生浏览教育类网页时在各个区域的注视时间

对大学生浏览教育类网页时在各个区域的注视时间做多因素方差分析，结果见表 7-2。

表 7-2　各个区域注视时间的多因素方差分析

变异源	dF	MS	F	p
网络类型	2	90.320	1.511	0.227
网络类型 × 呈现时间	4	176.393	2.952	0.025
Error (t 网络类型)	82	59.760		
区域	8	943.973	16.907	0.000
区域 × 呈现时间	16	39.644	0.710	0.784
Error (区域)	328	55.834		
网络类型 × 区域	16	22.615	1.301	0.190
网络类型 × 区域 × 呈现时间	32	19.059	1.096	0.330
Error (t 网络类型 × 区域)	656	17.383		

在呈现时间上，以网络类型和区域为组内变量，以呈现时间（根据大于、小于或者等于平均值分为三组）为组间变量进行方差分析，结果见表 7-2，由表 7-2 可以看出，网络类型的主效应不显著，$F_{(2, 82)}=1.511$，$p=0.227$；网络类型与呈现时间的交互作用显著，$F_{(4, 82)}=2.952$，$p=0.025$；区域的主效应极其显著，$F_{(8, 328)}=16.907$，$p=0.000$；区域与呈现时间的交互作用不显著，$F_{(16, 328)}=0.710$，$p=0.784$；组内变量网络类型和区域的交互作用不显著，$F_{(16, 656)}=1.301$，$p=0.190$；网络类型、区域和呈现时间三者的交互作用不显著，$F_{(32, 656)}=1.096$，$p=0.330$。忽略网络类型与呈现时间对区域的影响，可以得到各区域注视时间的平均值（M），见图 7-3。

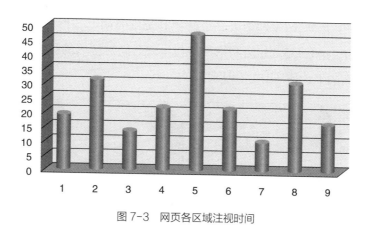

图 7-3　网页各区域注视时间

2. 大学生浏览教育类网页时在各个区域的注视点个数

对大学生浏览教育类网页时在各个区域的注视点个数做多因素方差分析，其结果见表 7-3。

表 7-3　各个区域注视点个数的多因素方差分析

变异源	dF	MS	F	p
网页类型	2	1294.282	1.793	0.173
网页类型 × 呈现时间	4	1299.914	1.801	0.136
Error(网页类型)	84	721.825		
区域	8	17325.745	21.690	0.000
区域 × 呈现时间	16	796.009	0.997	0.460
Error(区域)	336	798.794		
网页类型 × 区域	16	280.558	1.339	0.167
网页类型 × 区域 × 呈现时间	32	128.603	0.614	0.955
Error(网页类型 × 区域)	672	209.540		

在呈现时间上，以网络类型和区域为组内变量，以呈现时间（根据大于、小于或者等于平均值分为三组）为组间变量进行方差分析，结果见表 7-3。由表 7-3 可以看出，网络类型的主效应不显著，$F_{(2, 84)}=1.793$，$p=0.173$；网络类型与呈现时间的交互作用不显著，$F_{(4, 84)}=1.801$，$p=0.136$；区域的主效应极其显著，$F_{(8, 336)}=21.690$，$p=0.000$；区域与呈现时间的交互作用不显著，$F_{(16, 336)}=0.997$，$p=0.460$；组内变量网络类型和区域的交互作用不显著，

$F_{(16, 672)}=1.339$，$p=0.167$；网络类型、区域和呈现时间三者的交互作用不显著，$F_{(32, 672)}=0.641$，$p=0.955$。忽略网络类型与呈现时间对区域的影响，得到各个区域注视点个数的平均值（M），见图7-4。

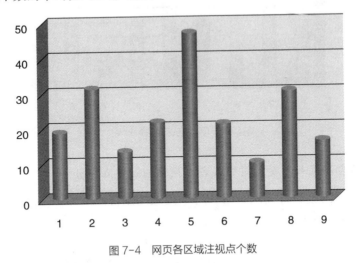

图7-4　网页各区域注视点个数

3. 大学生浏览教育类网页时在各个区域的首次注视点个数

对大学生浏览网页时在各个区域的首次注视点个数结果做多因素方差分析，结果见表7-4。

表7-4　各个区域首次注视点个数多因素方差分析

变异源	dF	MS	F	p
网络类型	2	0.003	0.767	0.468
网络类型 × 呈现时间	4	0.001	0.192	0.942
Error（网络类型）	84	0.004		
区域	8	2391.021	887.588	0.000
区域 × 呈现时间	16	1.748	0.649	0.843
Error（t 区域）	336	2.694		
网络类型 × 区域	16	0.642	0.240	0.999
网络类型 × 区域 × 呈现时间	32	1.244	0.466	0.995
Error（t 网络类型 × 区域）	672	2.671		

在每个区域的首次注视点上，以网络类型和区域为组内变量，以呈现时间（根据大于、小于或者等于平均值分为三组）为组间变量进行方差分析，

结果见表7-4。由表7-4可以看出，网络类型的主效应不显著，$F_{(2, 84)}$=0.767，p=0.468；网络类型与呈现时间的交互作用不显著，$F_{(4, 84)}$=0.192，p=0.942；区域的主效应极其显著，$F_{(8, 336)}$=887.588，p=0.000；区域与呈现时间的交互作用不显著，$F_{(16, 336)}$=0.649，p=0.843；组内变量网络类型和区域的交互作用不显著，$F_{(16, 672)}$=0.240，p=0.999；网络类型、区域和呈现时间三者的交互作用不显著，$F_{(32, 672)}$=0.466，p=0.995。忽略网络类型与呈现时间对区域的影响，得到各个区域首次注视点个数的平均值（M），见图7-5。

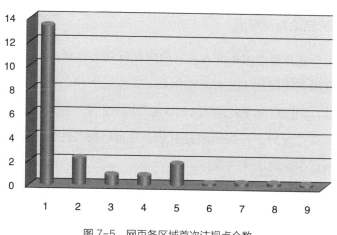

图7-5　网页各区域首次注视点个数

（二）实验结果

1. 大学生浏览三类教育类网页时各个区域的注视时间统计描述

通过数据分析，我们可以初步看出，第5区域的注视时间在三类网页中都是最长的，即浏览者更愿意浏览第5区域中的内容；第7区域的注视时间最短；第1、3、9区域的注视时间较少；而第4、6区域的注视时间最接近于平均值；第2、8区域的注视时间则大于平均时间。浏览者的注意点集中于网页的中心部分，并向四周递减，向网页左右递减的值大于向网页上下递减的值。

2. 大学生浏览三类教育类网页时各个区域的注视个数统计描述

通过数据分析，我们可以看出，第5区域一直是注视点数量最多的区域；第7区域为注视点数量最少的区域；第1、3、9区域的情况大体相同，注视点个数同样相对少一些；第 2、8 区域注视点个数相对多一点；第 4、6 区域的注视点个数接近于平均值。网页中注视点相对集中于网页中心部，并且数量逐渐向四周递减，向网页左右递减的值大于向网页上下递减的值。

3. 大学生浏览三类教育网页时各个区域的首次注视点个数统计描述

通过数据分析，我们可以看出，第 1 区域始终是首次注视点最集中的区域，第 2 区域与第 5 区域次之，但与第 1 区域差异很大，其他区域情况大体相同。在此类网页中的第 1 区域最能吸引浏览者的注意力。

（三）研究结论及其意义

1. 大学生浏览单张中文教育类网页的浏览时间大体相同

大学生在浏览不同的中文教育类网页时，虽然各组的浏览时间不同，但大体上趋于一致，浏览时间平均值为 11.29 s。也就是说，在这个时间内大学生可以将网页全部浏览完毕，并判断网页中是否有自己所关注的信息，进而做出继续浏览或从网页中跳转出来的选择。

通过对各类型网页以不同的呈现时间进行呈现所得的实验数据结果进行分析，我们可以发现：当播放时间等于平均时间时，网页内区域间的注视点数量、注视时间长度的差异较大。这就表明，在这个呈现时间内，浏览者基本上能完成将整个网页浏览一遍，并且能显示出网页内区域间在相关视觉特征参数上存在差异。若网页呈现的时间过长，浏览者就会进行重复浏览，若网页的呈现时间偏短，则浏览者无法完成对整个网页内容的浏览。前者可能浪费学习时间，后者则可能无法完成浏览任务。所以，浏览中文教育类网页的平均时间是一个重要的视觉特征参数，它可以为网页设计、利用网页进行教学设计提供依据。

2. 教育类网页中的第 5 区域为注视热区

通过对数据的分析，我们可以看出，教育类网页中的第 5 区域内的注视点数量值与注视时间值都比相同网页其他区域中的要高，而且与其他各区相比差异十分显著。也就是说，大学生在浏览中文教育类网页时，对网页中第 5 区域的信息关注度更高。无论网页是什么类型或以什么样的时间进行呈现，网页中的第 2、8 区域同样为关注度较高的区域，而且第 2 区域相对于第 8 区域来说更加受到浏览者的青睐。网页中的第 1、3、7、9 区域为浏览者较少关注的区域，其中第 7 区域及第 3 区域的关注度最少，且第 7 区域的值是最小的。所以，网页中注视热区的排序为：5—2—8—（4—6）—1—9—3—7。根据这一研究结果，设计网页时可以根据多媒体元素的重要程度来安排它们到不同的区域，以尽可能地符合浏览者的认知规律，实现网页功能的优化。

3. 教育类网页中的第 1 区域为首次注视点最多的区域

通过对数据的分析，我们可以看出，第 1 区域内的首次注视点数量值比其他区域中的数值要高，而且与其他各区相比差异十分显著。也就是说，大学生在开始浏览教育类网页时，网页中的第 1 区域最吸引其注意力。网页中的第 2、5 区域与其他区域间也存在着一定的差异，这两个区域中首次注视点的个数相对较多。所以，网页中注视热区的排序为：1—2—5—（4—3）—7—8—6—9。这一研究结论可以指导我们在进行网页设计时有效地安排知识内容的呈现顺序和起始点。

4. 浏览网页的视线轨迹大致为：从左上角到右下角

通过网页浏览者的浏览视线描述图，我们可以很直观地看出，浏览者的视线起始于网页的第 1 区域，并有从网页的左上角向右下角滑行的趋势，即大学生在浏览中文教育网页时的视线轨迹为从左上角到右下角以近似抛物线的形式平滑移动。

第五节　多媒体界面的文本—图片结构特征

教育类网页由承载知识内容的各类媒体单元所组成，这些组成网页界面的最小媒体单元可称为信息单元或信息元。信息元是构成信息的最小单位，它能完整地表达一个信息的诸多属性。无数信息元的组合就构成了我们平时所获得的众多消息、知识。信息元可以小到一个词、一张图片，也可以大到一篇文章或一个完整的动画。目前，我们在网络上能够看到的信息元主要有文本、图形、图片、动画、音频、视频、交互与超链接等。教育类网页是由许多信息元构成的，这些不同的信息元之间会有不同的空间位置关系和时间关系，从而使得教育类网页形成不同的结构类型。一般来讲，教育类网页的结构可以分为两大类：界面内网页结构（也称狭义网页结构），主要是指网页界面中浏览者能直接看到的各信息元要素所形成的时空位置关系；界面外网页结构（也称广义网页结构），除了界面中能直接看到的各个信息元要素所形成的界面内结构，还包括声音、动作交互、超链接、隐藏类元素等。教育类网页的网页结构可以分为纯文本类网页结构，文本—声音类网页结构，文本—图片类网页结构，文本—动画/视频类界面结构，文本—图片—声音类网页结构，动画/视频类网页结构，带有超链接、延伸页和隐藏类元素的网页结构，以及综合类网页结构。作者研究团队开展了一项"浏览多媒体教育网页的视觉特征研究"，尝试通过眼动实验研究探讨文本—图片类网页结构的规律性特点，以期为教育网页的界面设计从经验型向科学型转变提供有益参考。

一、文本—图片类网页结构的眼动实验研究

眼动实验是指人们借助某些仪器，对被试在进行操作时的眼睛活动情况进行记录，借此分析大脑的思维过程。该实验研究的基本假设是大学生浏览文本—图片类不同结构的网页时在视觉参数上存在差异，并能够依据这些参数推断出文本—图片类网页的结构特征。课题组在宁波大学本科生中随机选取 48 人，并根据随机分配原则分为 3 组。实验材料为 12 张教育类网页（根据实验要求选取与制作），分为 3 类，每类 4 张，并根据实验需要利用 E-Prime 软件将其按照预设播放时间制作为自动播放的同步刺激文件。整个实验过程在宁波大学眼动实验室进行。该实验的网页结构选择了上图下文型、上文下图型、左图右文型、左文右图型等四种主要形式。

（一）实验数据

通过眼动实验收集到四组相关数据（见表 7-5～表 7-8）。

表7-5 文字区注视时间的平均数与标准差

网页结构	人数	平均数 /s	标准差
上文下图文字区	48	5.19	3.43
上图下文文字区	48	5.08	4.45
左图右文文字区	48	7.13	4.21
左文右图文字区	48	5.37	3.78

表7-6 文字区注视点个数的平均数与标准差

网页结构	人数	平均数 / 个	标准差
上文下图文字区	48	21.85	11.77
上图下文文字区	48	20.71	15.18
左图右文文字区	48	26.87	14.25
左文右图文字区	48	20.77	13.44

从表7-5中可以看出，在文本—图片类网页中，文本与图片的四种组合方式在注视时间上表现出差异，其中左图右文结构的文字区注视时间最长，为7.13 s；左文右图结构的文字区注视时间次之，为5.37 s；上文下图结构的文字区注视时间为5.19 s；上图下文结构的文字区注视时间最短，为5.08 s。综上所述，文本—图片类网页在左图右文结构中，文字区的注视时间最长；在上图下文结构中，文字区的注视时间最短。

从表7-6中可以看出，在文本—图片类网页中，文本与图片的四种组合方式在注视点个数上表现出差异，其中左图右文结构的文字区注视点个数最多，为26.87个；上文下图结构的文字区注视点个数次之，为21.85个；左文右图结构的文字区注视点个数为20.77个；上图下文结构的文字区注视点个数最少，为20.71个。综上所述，文本—图片类网页在左图右文结构中，文字区注视点个数最多；在上图下文结构中，文字区注视点个数最少。

表7-7 图片区注视时间的平均数与标准差

网页结构	人数	平均数 /s	标准差
上文下图图片区	48	2.89	2.16
上图下文图片区	48	4.31	3.23

续表

网页结构	人数	平均数 /s	标准差
左图右文图片区	48	2.46	2.01
左文右图图片区	48	2.87	2.80

表 7-8　图片区注视点个数的平均数与标准差

网页结构	人数	平均数 / 个	标准差
上文下图图片区	48	11.67	8.20
上图下文图片区	48	17.17	12.03
左图右文图片区	48	10.63	7.94
左文右图图片区	48	12.31	10.70

从表 7-7 中可以看出，在文本—图片类网页中，文本与图片的四种组合方式在注视时间上表现出差异，其中上图下文结构的图片区注视时间最长，为 4.31 s；上文下图结构的图片区注视时间次之，为 2.89 s；左文右图结构的图片区注视时间为 2.87 s；左图右文结构的图片区注视时间最少，为 2.46 s。综上所述，文本—图片类网页在上图下文结构中，图片区的注视时间最长；在左图右文结构中，图片区的注视时间最短。

从表 7-8 中可以看出，在文本—图片类网页中，文本与图片的四种组合方式在注视点个数上表现出差异，其中上图下文结构的图片区注视点个数最多，为 17.17 个；左文右图结构的图片区注视点个数次之，为 12.31 个；上文下图结构的图片区注视点个数 11.67 个；左图右文结构的图片区注视点个数最少，为 10.63 个。综上所述，文本—图片类网页在上图下文结构中，图片区的注视点个数最多；在左图右文结构中，图片区的注视点个数最少。

（二）分析与讨论

实验结果表明，组成网页界面的信息元结构方式对浏览文本—图片类网页的注视时间、注视点个数均有显著效应，即文本—图片类网页的不同结构形式对浏览网页者所引起的视觉参数（注视时间、注视点个数等）有着显著的不同。

在文本—图片类网页中，对文字区而言，左图右文结构对文字区的注视时间、注视点个数显著多于其他三种结构方式，并且上图下文结构的注视时间和注视点个数是最少的，与其他三种结构相比，明显偏少。在文本—图片类网页中，对图片区而言，上图下文结构对图片区的注视时间、注视点个数显著多于其他三种结构方式，并且左图右文结构的注视时间和注视点个数是最少的，与其他三种结构相比，也明显偏少。对这两个实验结果的可信度可以从以下两方面加以分析与论证。

首先，从注视时间与注视点个数的关系来看，两者之间一般是成正比的线性关系，即当注视点个数越多时，注视时间一般也比较多。反之亦然。从实验数据和结果来看，对文字区而言，左图右文结构对文字区的注视时间最多，同时它的注视点个数也最多；上图下文结构中对文字区的注视时间和注视点个数都是最少的。对图片区而言，上图下文结构对图片区的注视时间最多，同时它的注视点个数也是最多的；左图右文结构中对图片区的注视时间和注视点个数都是最少的。这些都符合注视时间与注视点个数呈线性关系的特征。由此可见，实验结果是可信的。

其次，从实验结果的相互佐证也可以印证结果的可信度。在注视时间和注视点个数总量一定的情况下，如果对文字区的注视时间和注视点个数是最多的，那么对图片区的注视时间和注视点个数应该就是最少的，反之亦然。在文本—图片类网页中，左图右文结构对文字区的注视时间、注视点个数是最多的，而对图片区的注视时间和注视点个数恰好是最少的，这与大前提是相吻合的。这两个实验的结果形成了相互佐证的关系。同理，在上图下文结构中，对文字区而言注视时间和注视点个数是最少的，而对图片区来讲是最多的，同样形成了相互佐证的关系，由此可以确认实验结果是可信的。

二、文本—图片类教育网页的结构特征

通过眼动实验的系统研究和数据分析，可以得出关于文本—图片类网页具有以下三方面的结构特征。

①左图右文结构对文本而言为最优结构；对图片而言为最劣结构。文本—图片类网页在左图右文结构中，对文本区的注视时间、注视点个数显著多于其他三种排列方式。所以，在组织安排网页信息元的过程中，如果网页界面主

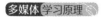

要是由文本和图片所组成，且文本是主要信息的载体，那么采用左图右文结构应该是首选方案。而在左图右文结构中，对图片的注视时间、注视点个数明显少于其他三种信息元组织方式。也就是说，当主要信息由图片来传达时，不要采用左图右文结构形式，因为这种形式对图片的注视时间、注视点个数是最少的，不利于对图片上所承载信息的获取。

②上图下文结构对文本而言为最劣结构；对图片而言为最优结构。当是上图下文结构时，对文本区的注视时间、注视点个数明显少于其他三种排列方式。所以，如果网页界面主要是由文本和图片所组成，且文本是主要信息的载体，那么，要尽量避免采用上图下文结构。而在上图下文结构中，对图片的注视时间、注视点个数显著多于其他三种排列方式。所以，当图片是承载主要信息的载体时，建议首先采用上图下文结构，以有效地传达多媒体信息。

③左文右图结构和上文下图结构，由于其被注视的时间、注视点的个数等视觉参数居中，没有明显的优势与劣势，因此，当文本与图片所表达的知识内容同等重要时，可以考虑采用这两种结构形式。这样，对于文本—图片网页，我们在设计它的结构时，结合文本和图片所要表达知识内容的重要程度，可以合理选择所需要的网页结构形式，以符合大众阅读多媒体的习惯与规律，发挥多媒体的最大功能。

三、文本—图片类教育网页界面设计的基本原则

文本—图片类教育网页在结构方面表现出的上述特征，可以给我们设计网页界面提供有价值的科学依据，改变以往对界面设计只凭经验的做法。通过剖析文本—图片类教育网页的结构特征，我们可以得到以下五方面指导网页界面设计的原则和方法。

（一）网页界面以文为主的左图右文优选原则

在文本—图片类网页的四种结构中，左图右文结构对文本而言为最优结构。从实验结果可以明显地看出，对文本区的注视时间、注视点个数显著多于

其他三种结构方式。因此，在设计知识内容、组织安排网页结构的过程中，如果网页界面主要是由文本和图片所组成，而且文本所承载的信息是主要内容，那么，左图右文结构就是网页在组织结构时的首选方案。这种结构将使文本传达的信息得到充分的关注，提高多媒体学习的效果。

（二）网页界面以图为主的左图右文避免原则

在文本—图片类网页的左图右文结构中，由于对图片的注视时间、注视点个数明显少于其他三种信息元结构形式，对图片来讲是一种最劣的结构。因此，如果网页界面助手的主要信息由图片来表达时，文本与图片的结构安排不要采用左图右文结构形式。因为采用这种结构时对图片的注视时间、注视点个数是四种结构形式中最少的，学习者不能对这种结构安排中的图片进行有效的注视，不能够充分地对图片上所承载的教学信息进行获取。

（三）网页界面以图为主的上图下文优选原则

文本—图片类网页的结构特征表明，上图下文结构对图片而言为最优结构，在上图下文结构中，对图片的注视时间和注视点个数显著多于其他三种组织方式。这一特征就为我们指明，在设计文本—图片类网页界面的结构时，如果图片是承载主要信息的载体，而文本是辅助性的，则建议优先选择上图下文结构，以有效地传达图片中的多媒体信息。

（四）网页界面以文为主的上图下文避免原则

在文本—图片类网页结构中，上图下文结构对文本而言为最劣结构。我们在进行网页界面的结构设计时，要遵循这一特征的原则要求。当上图下文结构时，浏览者对文字区的注视时间、注视点个数明显少于其他三种排列方式。因此，在进行文本和图片所组成的网页界面设计时，当文本是传递主要信息的载体时，要避免采用上图下文结构。

（五）网页界面的图文兼顾原则

现实中，在多媒体教学或教学资源的设计过程中，往往有许多时候会遇到文本和图片所传达的教学信息同等重要的情形，此时对网页界面进行组织和结构设计应根据文本—图片类网页结构的特征参数，采取左文右图结构和上文下图结构，因为这两种结构中对文本和图片的注视时间、注视点个数等视觉参数没有明显的优劣之分，可以兼顾文本与图片所表达的信息。

第六节　多媒体界面的文本—动画结构特征

作者研究团队通过眼动实验对浏览文本—动画类网页的注视时间、注视点个数等视觉参数进行研究，结果表明：在文本—动画类网页中，上文下画结构对文本区和动画区而言是最优结构；上画下文结构对动画区而言也是一种可以优先选择的结构。而左文右画结构和左画右文结构则是不宜采用的结构。在此基础上进一步得出文本—动画类网页界面的一系列优化设计原则和方法。

一、文本—动画类教育网页相关视觉参数实验

（一）实验假设与设计

该研究的基本假设是：大学生浏览文本—动画类不同结构网页在视觉参数上存在差异，并能依据视觉参数推断出文本—动画类网页的结构特征。该实验的设计和对象与文本—图片类教育网页实验相同。实验的网页结构选择了上文下画型、上画下文型、左画右文型、左文右画型等四种主要形式。

（二）实验数据及其分析

通过眼动实验收集到以下四组相关数据（见表 7-9～表 7-12）。

表 7-9　文字区注视时间的平均数与标准差

网页结构	人数	平均数 /s	标准差
上文下画文字区	46	3.17	2.81

续表

网页结构	人数	平均数 /s	标准差
上画下文文字区	42	2.52	3.39
左画右文文字区	44	1.63	2.06
左文右画文字区	40	2.77	2.89

表 7-10　文字区注视点个数的平均数与标准差

网页结构	人数	平均数 / 个	标准差
上文下画文字区	46	12.85	9.73
上画下文文字区	42	7.20	8.58
左画右文文字区	44	6.42	6.89
左文右画文字区	40	8.20	7.86

从表 7-9 中可以看出，在文本—动画类网页中，对文字区而言，文本与动画的四种结构方式在注视时间上表现出比较明显的差异。其中上文下画结构对文字区的注视时间最长，为 3.17 s；左文右画结构的文字区注视时间次之，为 2.77 s；上画下文结构的文字区注视时间为 2.52 s；左画右文结构的文字区注视时间为 1.63 s，是最少的。综上所述，在文本—动画类网页的上文下画结构中，对文字区的注视时间最多；在左画右文结构中，对文字区注视时间最少。

从表 7-10 中可以看出，在文本—动画类网页中，对文字区而言，文本与动画的四种结构方式在注视点个数上表现出明显的差异。其中上文下画结构对文字区注视点个数最多，为 12.85 个；左文右画结构对文字区的注视点个数次之，为 8.20 个；上画下文结构对文字区的注视点个数为 7.20 个；左画右文结构对文字区注视点个数为 6.42 个，是最少的。综上所述，在文本—动画类网页的上文下画结构中，对文字区的注视点个数最多；在左画右文结构中，对文字区的注视点个数最少。

表 7-11　动画区注视时间的平均数与标准差

网页结构	人数	平均数 /s	标准差
上文下画动画区	46	4.56	3.58
上画下文动画区	42	4.32	3.02
左画右文动画区	44	1.46	1.78
左文右画动画区	40	1.99	2.25

表 7-12 动画区注视点个数的平均数与标准差

网页结构	人数	平均数 / 个	标准差
上文下画动画区	46	19.04	12.69
上画下文动画区	42	16.59	11.05
左画右文动画区	44	5.78	6.30
左文右画动画区	40	7.63	7.40

从表 7-11 中可以看出，在文本—动画类网页中，对动画区而言，文本与动画的四种结构方式在注视时间上表现出比较明显的两极化差异。其中上文下画结构（注视时间最长，为 4.56 s）和上画下文结构对动画区的注视时间明显多于另外两种结构形式，分成两个层次，即上文下画型和上画下文型是一个层次，左文右画型和左画右文型（对动画区注视时间最少，为 1.46 s）为另外一个层次。这两个层次内差别不大，而两个层次间的差距比较大。

从表 7-12 中可以看出，在文本—动画类网页中，对动画区而言，文本与动画的四种结构方式在注视点个数上表现出巨大的差异，且两极化倾向显著。其中上文下画结构对动画区注视点个数最多，为 19.04 个；上画下文结构对动画区注视点个数次之，为 16.59 个。这两种结构属于一个层次，且差距不十分明显。而左文右画结构和左画右文结构对动画区注视点个数相对前两种结构来讲，差别特别明显。虽然这两个层次间的差距显著，但层次内的差距不十分明显。

二、实验结果及分析

实验的结果表明，网页界面的信息元结构方式对浏览文本—动画类网页的注视时间、注视点个数均有显著效应，即文本—动画类网页的不同结构形式对浏览网页者所引起的视觉参数（注视时间、注视点个数等）有着显著的不同。

在文本—动画类网页中，对文字区而言，上文下画结构对文字区的注视时间、注视点个数显著多于其他三种结构方式而左画右文结构的注视时间和注视点个数是最少的，与其他三种结构相比明显偏少。在文本—动画类网页中，对动画区而言，上文下画结构和上画下文结构对动画区的注视时间、注视点个数显著多于其他两种结构方式，并且差距显著，形成两极化形态。

对于实验结果的可信度问题，我们可以从以下两方面来进行分析与探讨。首先，从表7-9和表7-10可以看出，上文下画结构对文字区来讲，既是注视时间最多的，同时也是注视点个数最多的，符合注视时间与注视点个数的线性关系，可以认为是可信的。其次，从表7-11和表7-12也可以看出，上文下画结构和上画下文结构对动画区来讲，既是注视时间最多的，同时也是注视点个数最多的，同样符合注视时间与注视点个数的线性关系，也可以认为是可信的。但是，在文本—动画类网页结构中，对于文字区的注视时间和注视点个数来讲，呈现出"一多三少"的特征（即上文下画结构多，其他三种结构少）；而对于动画区的注视时间和注视点个数来讲，却呈现出"两多两少"（上文下画结构和上画下文结构多，其他两种结构少）的两极化倾向。对此，目前还无法解释，为了探究产生这种现象的原因，我们把文本—图片类网页和文本—动画类网页的实验数据进行比较分析。

三、两种类型教育网页实验参数的比较与验证

（一）两类教育网页文字区注视时间和注视点个数的比较

把文本—图片类和文本—动画类网页关于文字区的实验数据进行对比，得到表7-13、表7-14。

表7-13　文字区注视时间的平均数与标准差对比

文本—动画类	平均数/s	标准差	标准差	平均数/s	文本—图片类
上文下画文字区	3.17	2.81	3.43	5.19	上文下图文字区
上画下文文字区	2.52	3.39	4.45	5.08	上图下文文字区
左画右文文字区	1.63	2.06	4.21	7.13	左图右文文字区
左文右画文字区	2.77	2.89	3.78	5.37	左文右图文字区

表7-14　文字区注视点个数的平均数与标准差对比

文本—动画类	平均数/个	标准差	标准差	平均数/个	文本—图片类
上文下画文字区	12.85	9.73	11.77	21.85	上文下图文字区
上画下文文字区	7.20	8.58	15.18	20.71	上图下文文字区

续表

文本—动画类	平均数 / 个	标准差	标准差	平均数 / 个	文本—图片类
左画右文文字区	6.42	6.89	14.25	26.87	左图右文文字区
左文右画文字区	8.20	7.86	13.44	20.77	左文右图文字区

从表 7-13 和表 7-14 的数据比较可以看出，在文本—图片类的四种结构中，对文字区的注视时间和注视点个数呈现出"一多三少"的现象，左图右文结构对文字区的注视时间和注视点个数最多，但与另三种结构相比，差别并不十分显著，且其余三种结构间几乎没有差别，它们是在一个水平上的。在文本—动画类的四种结构中，对文字区的注视时间和注视点个数也呈现出"一多三少"的现象，不过在另外三种结构之间，注视时间和注视点个数的差距明显比文本—图片类网页结构的要大。

文本—图片类网页结构对文字区的注视时间和注视点个数明显比文本—动画类网页结构的要多，差距普遍在 2 倍以上，差别明显。

（二）两类教育网页动画 / 图片区注视时间和注视点个数的比较

把文本—图片类和文本—动画类网页关于动画 / 图片区的实验数据进行对比，得到表 7-15、表 7-16。

表 7-15　动画 / 图片区注视时间的平均数与标准差对比

文本—动画类	平均数 /s	标准差	标准差	平均数 /s	文本—图片类
上文下画动画区	4.56	3.58	2.16	2.89	上文下图图片区
上画下文动画区	4.32	3.02	3.23	4.31	上图下文图片区
左画右文动画区	1.46	1.78	2.01	2.46	左图右文图片区
左文右画动画区	1.99	2.25	2.80	2.87	左文右图图片区

表 7-16　动画 / 图片区注视点个数的平均数与标准差对比

文本—动画类	平均数 / 个	标准差	标准差	平均数 / 个	文本—图片类
上文下画动画区	19.04	12.69	8.20	11.67	上文下图图片区
上画下文动画区	16.59	11.05	12.03	17.17	上图下文图片区
左画右文动画区	5.78	6.30	7.94	10.63	左图右文图片区
左文右画动画区	7.63	7.40	10.70	12.31	左文右图图片区

从表 7-15 和表 7-16 的数据比较中可以看出，在文本—图片类的四种结构

中，对图片区的注视时间和注视点个数呈现出"一多三少"的现象，且上图下文结构对图片区的注视时间和注视点个数最多，但与另三种结构相比，差别并不十分显著，且其余三种结构间几乎没有差别，它们是在一个水平上的。在文本—动画类的四种结构中，对动画区的注视时间和注视点个数呈现出"两多两少"的现象，表现出两极分化的趋向，且两个层内的差距并不显著。

文本—动画类网页结构对动画区的注视时间和注视点个数明显比文本—图片类网页结构中对图片区的数据要多，但其差别没有对文字区的明显。

（三）对比结果的分析

通过数据对比发现两个主要现象：现象一是对于文字区来讲，文本—图片类网页结构的注视时间和注视点个数明显比文本—动画类网页结构的要多，且差距普遍在 2 倍以上，差别明显。现象二是对于动画／图片区的注视时间和注视点个数来讲，和文本—图片类表现"一多三少"不同，文本—动画类是"两多两少"的两极现象。产生这种现象，我们认为可能有以下三个方面的原因：第一，可能由实验数据引发。如果实验数据有问题可能导致"现象二"的出现，但我们对实验过程、实验方法和实验数据进行彻底检查后认为，实验设计、实验过程规范，方法恰当，实验数据相互印证。有学者也在网页布局对视觉搜索影响上做了相似的研究。所以，实验过程及其数据导致"现象二"出现的可能性可以排除。第二，可能由不同多媒体元素的诱目性不同而引发。文本、图片和动画对浏览者的吸引力是不同的，相比较而言，动画的诱目性比图片强，而图片的诱目性又比文本强，且动画的诱目性远远大于文本。所以，在文本—图片类结构中，因为图片的诱目性没有动画的强，在视觉参数总量一定的情况下，对文字区的注视时间和注视点个数就会多于文本—动画类结构。这就是出现"现象一"的原因。然而，同样是动画元素，为什么在文本—动画类结构中会表现出"两多两少"呢？如果按照诱目性原则来解释，那么，在文本—动画类的四种结构中，对于动画区的注视时间和注视点个数应该是一样的，而不应该是"两多两少"。第三，可能由网页界面中的注视热区引发。刘世清和李潇

（2010）在《大学生浏览中文教育网页的相关视觉特征》一文中，得出关于网页界面注视热区的研究结论，认为"教育类网页中的第5区域为注视热区，然后是第2区和第8区,9个区按注视程度由高到低排序为：5—2—8—（4—6）—1—9—3—7"。而"现象二"中的"两多两少"正好和注视热区的结论是相吻合的，因为，由第5、第2和第8三个区组成的区域A正好是上文下图或上图下文结构所占据的大部分区间，表现出"两多"是符合注视热区研究结论的。另一方面，由第5、第4和第6三个区组成的区域B与区域A相比被注视程度明显处于下风，其必然是"两少"。

综上所述，我们可以看出，"现象一"和"现象二"是文本—动画类网页结构所表现出的固有现象和规律。同时，通过比较分析，文本—图片类网页结构证明文本—动画类网页的实验数据是正确的，两者实现了相互印证。

四、不同文本—动画类教育网页的结构选择及优化设计

（一）文本—动画类教育网页的结构选择

从上述实验和分析中，我们可以对不同文本—动画类教育网页的四个结构进行选择。

①在文本—动画类网页结构中，对文本而言，上文下画结构是优先选择的结构形式。因为在文本—动画类网页的四种结构中，上文下画结构中对文本区的注视时间、注视次数明显多于其他三种结构方式。所以，在组织安排网页信息元的过程中，如果网页界面主要是由文本—动画所组成，且文本所表达的信息是比较重要的，那么，采用上文下图结构相对较好。这种结构在重点关注动画所承载的信息以外，还能适当照顾到文字区的辅助信息，有利于文本信息的获取，使文本信息和动画信息做到恰当配合。

②在文本—动画类网页结构中，对动画而言，上文下画结构是最优结构。因为在文本—动画类网页的四种结构中，上文下画结构呈现出动画区和文字区的注视时间和注视点个数都是最多的，说明这种结构能给浏览者提供最佳的浏览效果。同时，上文下画结构也正好处在三个注视热区所组成的最佳区域，与

注视热区的研究结果相一致。由此可见，上文下画结构是进行界面设计时的最优方案。

③在文本—动画类网页结构中，对动画而言，上画下文结构也是可以优先选择的结构方式。因为，实验数据显示，上画下文结构对动画区的注视时间和注视点个数显著多于另外两种结构形式，略少于上文下画结构。另外，上画下文结构也正好处在三个注视热区所组成的最佳区域，符合注视热区的原则要求。

④对于左文右画结构和左画右文结构，实验数据显示这两种结构对动画区的注视时间和注视点个数是最少的，说明这两种结构对浏览者不具备吸引力。同时，这两种结构形式也不是注视热区所组成的最佳区域。所以，它们不利于文本信息和动画信息的配合呈现，在进行网页界面设计时建议不采用这两种结构形式。

（二）文本—动画类教育网页的优化设计

文本—动画类教育网页在结构方面表现出的上述特征，将给我们在设计这类网页界面时提供科学的理论依据，为提高多媒体教学资源设计和开发的质量，促进利用多媒体材料进行教和学打下坚实的基础。通过剖析文本—动画类教育网页的结构特征，我们在此提出指导网页界面设计的三个原则与方法。

1. 教育类网页界面的上文下画文画俱优选择

在文本—动画类网页结构中，对文本和动画而言，上文下画结构是视觉参数最优的结构形式。所以，在进行网页界面结构设计时，如果网页界面主要是由文本—动画所组成，而且文本所表达的信息也是比较重要的，那么，建议采用上文下画结构。因为这种结构在重点关注动画信息的同时，还能适当照顾到文本的辅助信息，使文本信息和动画信息都能兼顾，做到恰当配合。通常情况下，会把文本安排在网页界面的上部，动画安排在中下部，这种结构方式无论对文本还是动画而言都是最优的选择。

2. 教育类网页界面以画为主的上画下文的区别选择

在文本—动画类网页结构中,对动画而言,相比上文下画结构,上画下文结构也是可以考虑选择的结构方式。因为,上画下文结构对动画区的注视时间和注视点个数显著多于另外两种结构形式,仅仅略少于上文下画结构,并且上画下文结构也正好处在注视热区所组成的最佳区域。所以,如果网页界面中辅助性的文本内容比较多,在网页界面的上部放置文本内容时,其空间不够用的情况下,可以考虑把相对不太重要的文本内容安排在动画下面,即采用上画下文的结构形式。

3. 教育类网页界面的左右文画结构避免选择

文本—动画类网页的结构特征显示,无论是对于文本还是动画而言,左文右画结构和左画右文结构都是最劣的结构。因为这两种结构对动画区、文字区的注视时间和注视点个数是最少的。同时,这两种结构形式也不处于注视热区所组成的最佳区域内。所以,如果网页界面的信息内容是由文本和动画来呈现的,那么在进行网页界面设计时,文本和动画的结构设计不要采用左文右画或左画右文的结构形式。

第七节 中国古代的多媒体学习

按照迈耶博士关于多媒体学习的定义,我国古代有许多书都曾大量利用多媒体进行科学知识、人文地理等的记录与传播,最典型的代表当数明朝宋应星撰写的《天工开物》。《天工开物》共有 4 册,大量采用插图与文字相配合的形式来阐述生产技能与过程,是多媒体学习在古代应用的代表。《天工开物》是一部极具学术价值的插图本科技古籍的典范。日本学者西之园晴夫称教育技术为"教育工学",其灵感就来自《天工开物》。《天工开物》记载了明朝中叶以前中国古代的各项技术,共 3 篇 18 卷 123 幅插图。我们从多媒体学习的视角,着重就该书的图文特征进行研究。

一、多媒体学习视角研究《天工开物》的缘起

中华民族自古以来图文并重，"左图右书"一直为古代学者所推崇。早在《史记·萧相国世家》中就有图书的记载。图像作为一种世界性共同语言的交流传播媒介，具有客观性、证言性、写实性、易明性的价值，文字与图像彼此独立又互为注释、补充和引申。特别是《天工开物》通过具有直观准确、趣味实证的形象符号，清楚明白的说理手段，帮助读者理解内容。书中大量的高级学习知识、良构的图文设计、精巧的传播学习策略等，对多媒体学习理论的研究举足轻重。另外，古代书籍价格不菲，就是到了相对发达的明清时期，一本普通教科书对穷苦人家也是奢望之求。因此，古代书籍无论其内容还是版式设计自然多为精练之作。随着科技的发达，信息传播手段的多样化，人们徜徉于信息海洋却饱受信息的桎梏，其中一个重要原因就是信息的呈现方式过于粗犷，很少甚至没有考虑图文等媒体元素的呈现原则。比较这两个极端，我们认为完全可以利用现有丰富条件，汲取经过历史洗礼的插图本科技古籍的设计思想，从教育科学的高度，完善多媒体学习资源设计理论。对于多媒体学习的研究，认知心理学领域早期以行为主义设计方法为基础，关注低水平学习过程和媒体呈现形式，研究人们如何通过媒体进行学习、记忆等。此阶段未区分媒体与方法之间的关系，涉及的多是低学习任务，尚未深入更为广泛的学习内容。之后，迈耶等心理学家重点关注媒体的设计，通过大量实验来验证言语与视觉信息的不同组合对学习结果的影响，并用迁移测验对问题解决等高级学习任务进行了测试，最终得出感知觉是学习加工的决定性因素，只有通过设计好了的（图片、文字）材料，学习才会更成功等结论。那么元素间究竟如何组合、怎样设计，是否只能从艺术审美角度去约束？根据迈耶的结论，用科学的规范进行媒体的设计组合，才能从根本上解决多媒体学习的效果问题。为此，是否可以从中国插图本科技古籍如《天工开物》中去寻找迈耶多媒体学习原则的佐证呢？

二、《天工开物》的多媒体认知特征分析

通过对插图本科技古籍《天工开物》的研究发现，该书图文设计的特征很多都与迈耶多媒体学习的研究结论不谋而合。

（一）学习者通过包含文字和图片的多媒体材料进行学习，其效果要好

秦汉、魏晋时期，由于竹简狭窄、锦帛昂贵等条件限制，造成了重文轻图的倾向。如我国最早的两部科技著作《墨经》《考工记》均无图。《墨经》最早记在竹简上，其文字晦涩，两千多年来虽有历代学者研究考证，始终未弄清楚其中的科学原理。直至近代，科学家钱临照等人经过悉心钻研，才知道《墨经》对物理学中的时空、运动、光学等都有精彩论述。《考工记》则是一部手工艺技术汇编，言简意赅。清代学者戴震悉心研究后，画了59幅图，编成《考工记图》。今天看来，戴氏之图有三分之一不合古制。试想戴震这样的学界泰斗尚有错讹，平常人则更难以读懂此书。后来随着印刷术的发明，陆续出现《营造法式》《天工开物》《本草纲目》等学术名著，因书中多有配图，读来易理解得多。科技古籍主要是传播生产技能，插图本正好辅助了此项功能，甚至有一类书就以插图为主，文字仅起说明作用。《天工开物》中的插图在画面构图、人物布局、人物造型，人与人、人与环境的相互关系，线描特点、节奏感、装饰性、意境情调、绘画风格等方面都是精雕细琢。自《考工记》以来，探讨中国古代科学技术，无论冶金铸造，抑或纺织机械，倘若没有像《天工开物》这样系统记载设计技术的文字和图样，那么中国传统工程技术中迂回难解的问题将极可能继续存在。《天工开物》能在日本、欧洲传播开来的一个重要原因也正在于此。由此可见，学习者通过包含文字和图片的多媒体材料进行学习，其学习深度比单纯文字材料好。

（二）插图和对应的文字邻近呈现比隔开呈现学习效果更好

迈耶认为，图文邻近呈现较之分隔呈现学习效果更好。中国古代插图讲究版式、版型的配置，像唐、五代刻本卷轴装或经折装中有多面连式。宋元时多

为单面式、双面连式或上图下文式。明代特别是万历后各种版式渐多，在构图上按内容需要或大或小，有半幅、对幅和团扇式等；在视觉形式上有上图下文、左图右文、长卷式等。《天工开物》插图使用了整页插图或连页插图形式，插图版面较之同期图书变大，说明绘制者在处理画面形式时在不需要文字的基础上，也能将信息准确表达。而且书中的插图绘制精细，版面适当，俱成比例。许多章节中，介绍物器，或称"具图"，或言"有图"；解释专业技术工具，或"皆具图"，或"皆有图"；介绍复杂机械，如纺织机具，则言"具全图"。其不同的对待方式表明物件的重要性不同。书中每介绍完一项技术或一类物件即呈现插图，有时图与图间还保持某种邻近相关。比如书中所述龙骨水车，先文字概述其一般构造，再分别列举呈现图样（见图 7-6）。

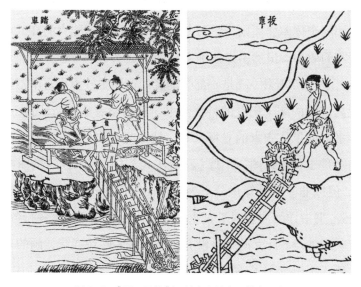

图 7-6 《天工开物》初刻本之踏车、拔车局部

（三）不含无关多媒体元素的学习材料更能促进学习者的学习

迈耶等研究发现，多媒体学习材料中无关要素的呈现不利于学习。理性图像风格清晰，图像鲜活，其实证性比起艺术图像更加令人信服，这种图像传达一件事物或现象，较之文字更准确。宋应星在《天工开物》开篇提到"此书于功名进取毫不相关也"。书中文字，对各种生产技术考证详尽，井井有条，不

仅有定性记载，更有定量描述，如各种产品比例、原料配比、材质比重，以及各种机械零部件尺寸等。书中插图，对设备的部件清晰再现，比例适中，人物劳动形象逼真，图样工整、明晰、详细。在对科学事实的尊重上，书中将科学技术知识进行了最有效的视觉传播。同时，书中凡图能说明的知识，正文介绍则异常简略，如"佳兵"卷中的"火器"篇，全文不及千字，但附有"万人敌一""地雷""混江龙""流星炮"等 8 幅插图，不仅补充说明了文字提及的火器，对于正文所未提及的也做了形象的展示。所以，不含无关多媒体元素的学习材料比包含无关元素的学习材料更能促进学习者的学习，图文材料息息相关，绝无累赘。

（四）受众的认知接受水平明显影响到多媒体学习的效果

根据迈耶的个体差异原则，学习者先前知识或空间能力的高低可明显影响到多媒体学习的效果。虽然多媒体确实帮助了低水平学习者，然而对高水平学习者作用不大。《天工开物》既是一部劳动者的造物史，更是写给不辨五谷的王孙公子和脱离实际的儒士们看的科普图书。日本学者薮内清认为，"它不是一部技术指导书。如果从专家的立场来看，缺点是很多的"。我们发现其中很多图样并非完全是工程设计图，不像《营造法式》中的大木建筑的图样那么偏重工程设计，"但以非专家的知识分子为对象而写作的这个意图，我想是收到很大的效果的"。书中详细地表现了农业、手工业与交通运输等各行各业的情景，画面上没有老儒讲经、仕女游乐，没有风花雪月、吟诗弄赋，画的是农民、织工、铁工、船工，甚至社会最底层的劳动妇女，全是生产活动中的劳动者。《天工开物》的插图"经世致用""格物求理"，所以图中所述的各类技术情景就是今天无须了解"稼穑"的现代人，仍然可以从中轻松学习。可见，当初设计之时，充分考虑了受众的认知接受水平。

（五）学习者通过标记过的多媒体材料学习效果优于未标记的

迈耶的标记性原则指出，学生通过标记过的多媒体材料进行学习，其效果好于使用未标记的材料。《天工开物》中插图用来解释文字内容、补充说明，而图中文字则更是或长或短、题在最适宜位置，成为画面的有机组成部分。值得注意的是，书中除了极平常简单的插图不用文字说明，凡是涉及机械结构中复杂或关键的部位都有标记性的文字说明，尤其对零件做的一些标注插图，更显示其具有科技图谱的性质。以"乃服"卷中的"花机"（见图 7-7）为例，将机械的各个重要部位都详细地做了标注。"佳兵"卷中的"地雷"插图标记性内容丰富。而在"陶埏"卷中，为了讲清楚砖瓦陶瓷器的制造，一连用了 13 幅插图，图中既画有设备工具，又在画中注明其中的要领，清楚地表现了工艺过程等，以至到今天依其图样和数据，还可以将所绘的一些器物工具复制出来。《天工开物》图文设计符合多媒体设计原则的研究还有待深入开展，如书中采用去圆为方的宋体字，应用中国画的传统技法线描，使得信息交流变得简洁、准确，传播速度加快，正是剔除了无关的多媒体冗余。而书中借助图样展示此前古代科技著作中从未论及的先进科技成果及其工艺图，如下卷"五金"中，将炼铁炉与炒铁炉串联，实现连续生产等许多类似的实例，也正符合多媒体的范例原则。

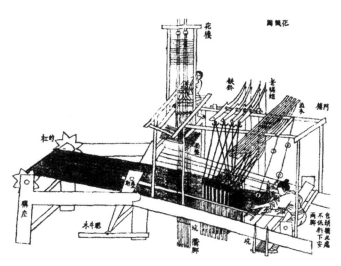

图 7-7 《天工开物》初刻本之花机

三、《天工开物》对教学软件界面设计的影响

《天工开物》集我国古代书籍设计之大成，尤其汲取自宋元明以来插图本科技古籍如《营造法式》《农书》等的图文设计思想，但更多的则在于其自身的独创。人类自古以来就在不断探索表达自然认识、情感及信息交流的形式，如手势、图形、文字等。德国哲学家恩斯特·卡西尔认为，人类的发展与进步依赖于符号化的思维与符号化的行为。特别对于读书甚少的古代受众，读图无疑为他们提供了认识社会的一条捷径。正因如此，通俗易懂的插图本显示出了其强大的价值。早在17世纪末，《天工开物》就已传到日本，引起极大关注，"特别是关于技术方面，它成为一般学者的优秀参考书"。《鼓铜图录》是日本江户时代的一部极其重要的科技文献，全书由前半部插图和后半部文字记述组成，刊有彩色印刷本，从书中表述"住友家使用的灰吹法和中国明代《天工开物》所记载的技术不同"，可看出其已受《天工开物》之影响。如在《鼓铜图录》的"采璞"章记有"随入树柱，板架其顶，石屑填其闲空，以防崩压"，与《天工开物》的"五金"卷中记载的"上板架顶，以防崩压"言语极为相近。《鼓铜图录》的图文关系同样受《天工开物》的影响，从多媒体学习的认知原则角度对比来看，《天工开物》线条化的插图，没有彩色渲染，虽少了《鼓铜图录》插图的色彩信息，但《天工开物》的言语表述、图像线条及图文排列更显简练、明晰，减少了认知负荷，似乎并未影响到学习的效率。当然，二者具体学习成效的比较，有待在学习效果实验中验证。现今，在网络数字媒体世界里，人们接触到的大量多媒体学习资源，其界面版式的设计很多都可从《天工开物》等插图本科技古籍中找到影子。这些版式的设计满足了使学习顺利进行的一些必备条件，如大量丰富的插图可满足不同读者的媒体认知能力；图文简练可减少学习过程的认知负荷；篇章知识结构清楚可引导读者深入理解内容；图文邻近呈现可使读者保持注意；贴近实际的鲜活图像可调动读者的兴趣；标记性文字甚至可看成古代的多媒体交互；等等。如此种种，无不显示出其具有的多媒体设计的认知特性。

　　迈耶的多媒体学习理论主要来源于实证研究,《天工开物》起到的学习成效如何还有待实验论证。但以多媒体认知理论对书中图文进行对照分析的结果来看,《天工开物》非凡的版式设计思想已经清晰明朗。其简约的文字设计、巧妙的插图创作,对当代图书版式、界面设计有着很好的借鉴。特别在这飞速发展的数字时代,其图文设计策略对平面媒体、动画创作等广阔的 UI(用户界面)设计领域都有着极其深刻的影响。

参考文献

巴格利,2014.反思 MOOC 热潮 [J].陈丽,年智英,译.开放教育研究,20（1）: 9-17.

白学军,沈德立,1995.初学阅读者和熟练阅读者阅读课文时眼动特征的比较 研究 [J].心理发展与教育（2）: 1-7.

白学军,张明哲,孟红霞,等,2018.词边界信息对发展性阅读障碍儿童朗读 和默读影响的眼动研究 [J].心理与行为研究,16（5）: 594-602.

边玉芳,2002.计算机辅助学习：从行为主义到建构主义 [J].电化教育研究（2）: 21-24.

曹炜,2002.语言学概论导学 [M].北京：北京大学出版社.

曹卫真,车笑琼,祁禄,等,2013.画面主体位置布局的眼动实验及对网络视 频资源建设的启示 [J].远程教育杂志（5）: 97-106.

曹卫真,殷婷如,邢强,等,2012.常见教学网页图文搭配方式对记忆效果影 响的研究 [J].电化教育研究（2）: 93-100.

陈冈,2002.网页目录树导航的实现 [J].计算机应用,22（8）: 121-123.

陈启祥,李宁,2005.多媒体技术与应用 [M].北京：电子工业出版社.

陈卫金,2019.多媒体技术在计算机网络下的应用探讨 [J].中文信息（2）: 3.

程利,杨治良,2006.大学生阅读插图文章的眼动研究 [J].心理科学,29（3）: 593-596,562.

程利,杨治良,王新法,2007.不同呈现方式的网页广告的眼动研究 [J].心理科 学,30（3）: 584-587,591.

初景利,林曦,巢乃鹏,2002.国外图书馆学情报学 2001 年研究进展（三）[J]. 大学图书馆学报,20（1）: 80-84.

党跃武，1997. 信息组织论 [J]. 图书情报工作（3）: 12-16.

邓小昭，2003. 试析因特网用户的信息交互行为 [J]. 情报资料工作（5）: 24-25.

丁海燕，2013. 网页设计布局方法的探讨 [J]. 云南大学学报（自然科学版），35（S1）: 129-132.

弗雷奥利，2001. 人类与科学技术 [M]. 张会欣，李德煜，译. 济南: 明天出版社.

傅德岷，2008. 大学·中庸·孟子 [M]. 武汉: 武汉出版社.

高丹，2004. 网络信息组织研究概述 [J]. 现代图书情报技术（9）: 54-57.

高地，2014. MOOC 热的冷思考——国际上对 MOOCs 课程教学六大问题的审思 [J]. 远程教育杂志（2）: 39-47.

高洁，2016. 外部动机与在线学习投入的关系: 自我决定理论的视角 [J]. 电化教育研究（10）: 64-69.

韩玉昌，1997. 观察不同形状和颜色时眼运动的顺序性 [J]. 心理科学，20（1）: 40-43.

韩玉昌，2000. 眼动仪和眼动实验法的发展历程 [J]. 心理科学，23（4）: 454-457.

何克抗,2005. 信息技术与课程深层次整合的理论与方法 [J]. 电化教育研究（1）: 7-15.

何克抗，2008. 对美国信息技术与课程整合理论的分析思考和新整合理论的建构 [J]. 中国电化教育（7）: 1-10.

何立媛，黄有玉，王梦轩，等，2015. 不同背景音对中文篇章阅读影响的眼动研究 [J]. 心理科学，38（6）: 1290-1295.

何帅森，2017. 新闻网站的网页版式设计研究 [J]. 新闻战线（20）: 139-140.

赫拉利，2017. 人类简史: 从动物到上帝 [M]. 2 版. 林俊宏，译. 北京: 中信出版集团.

黄兵明，2003. 诺贝尔物理学奖（一）[M]. 北京: 北京银冠电子出版有限公司.

黄荣怀，虎莹，刘梦彧，等，2021. 在线学习的七个事实——基于超大规模在线教育的启示 [J]. 现代远程教育研究，33（3）: 3-11.

黄荣怀，刘德建，刘晓琳，等，2017. 互联网促进教育变革的基本格局 [J]. 中国电化教育（1）：7-16.

黄如花，2002. 国内外信息组织研究述评 [J]. 中国图书馆学报，28（1）：63-66.

贾义敏，2009. 多媒体学习的科学探索——Richard E. Mayer 学术思想研究 [J]. 现代教育技术，19（11）：5-9.

蒋波，2007. 分栏设计对大学生阅读影响的眼动研究 [D]. 南京：南京师范大学.

柯和平，2001. Web 网页基本元素的设计原则与技巧 [J]. 中国电化教育（18）64-66.

克洛德，马奇威克，瑞德，等，2007. 全世界孩子最爱提的 1000 个问题 [M]. 邱鹏，译. 哈尔滨：黑龙江科学技术出版社.

李东锋，黄如民，郑权，2013. 面向听障儿童的无障碍移动学习资源设计研究 [J]. 现代教育技术，23（9）：104-109.

李法运，2003. 网络用户信息检索行为研究 [J]. 中国图书馆学报，29（2）：64.

李可亭，2013. 材料呈现方式对阅读困难儿童多媒体学习效果的影响 [J]. 中国特殊教育（9）：46-49，62.

李克东，2016. 让技术应用回归教育的本质 [J]. 开放教育研究（1）：11-12.

李芒，1998. 关于教育技术的哲学思考 [J]. 教育研究（7）：69-72.

李芒，2006. 信息化学习方式 [M]. 北京：北京师范大学出版社.

李芒，2008. 对教育技术"工具理性"的批判 [J]. 教育研究（5）：56-61.

李娜，常文豪，刘世清，2015. 初中生多媒体信息浏览行为研究 [J]. 宁波大学学报（教育科学版）（2）：12-15.

李乾，高鸽，孙双，2008. 移动学习应用模式研究综述 [J]. 现代教育技术，18（10）：64-68.

李小明，向春枝，2011. 蚁群算法在 Web 站点导航中的应用研究 [J]. 计算机测量与控制（9）：2286-2288，2295.

李新成，陈琦，1998. 维特罗克生成学习理论评介 [J]. 山西大学学报（哲学社会科学版）（4）：81-87.

李运林，徐福荫，2003. 教学媒体的理论与实践 [M]. 北京：北京师范大学出版社.

李智晔，2005a. 大学生网络信息素养的培养机制与方法 [J]. 情报科学，23（5）：678-681.

李智晔，2005b. 论大学生自主学习之基本条件 [J]. 黑龙江高教研究（6）：145-146.

李智晔，2007. 大学生信息素养培养模式的转换与创新 [J]. 情报科学，25（7）：998-1001.

李智晔，2011. 城镇居民多媒体信息素养的构成与培养策略 [J]. 情报科学，29（3）：374-377，390.

李智晔，2013. 多媒体学习的认知—传播模型及其基本特征 [J]. 教育研究（8）：112-116.

李智晔，2014. 多媒体学习过程的学习行为辨析 [J]. 教育研究，36（11）：126-130.

李智晔，2015. 论信息技术与课程整合的基本问题 [J]. 教育研究（11）：91-97.

栗觅，钟宁，吕胜富，2011.Web 页面视觉搜索与浏览策略的眼动研究 [J]. 北京工业大学学报，37（5）：773-779.

梁福成，王雪艳，李勇，等，2006. 科学杂志目录中图文版式的效果研究 [J]. 心理科学，29（1）：41-43.

刘冰，2001. 教育网站设计 [J]. 中国电化教育（1）：63-67.

刘程元，2013. 小学生语文阅读的现状及指导策略 [J]. 语文建设（8）：15-16.

刘佳，2015. 背景音乐对中—英文阅读理解的影响 [D]. 昆明：云南师范大学.

刘世清，1997. 教育传播媒体研究 [J]. 中国电化教育（1）：18-21.

刘世清，2000. 网络时代人类获取和加工信息的新模型——二级三循环加工方式 [J]. 中国电化教育（4）：11-13.

刘世清，2001. 关于教育信息传播增值的研究 [J]. 电化教育研究（12）：12-17.

刘世清，2008. 信息技术与学科整合存在的问题与发展路径 [J]. 中国教育信息化

（7）：37-39.

刘世清，2013.多媒体学习与研究的基本问题——中美学者的对话 [J].教育研究
（4）：113-117.

刘世清，李克东，1997.超文本结构导航策略研究 [J].电化教育研究（3）：
38-44.

刘世清，李娜,2015.成功 MOOC 的基本条件与应对策略 [J].教育研究,36（1）：
122-127.

刘世清，李潇，2010.大学生浏览中文教育网页的相关视觉特征 [J].电化教育研
究（7）：61-64.

刘世清，刘冰玉，2020.中学生多媒体浏览行为研究 [M].杭州：浙江大学出
版社.

刘世清，刘冰玉，李娜，2018.中学生多媒体浏览行为选择偏好及其教学价
值——基于多媒体界面结构的眼动实验研究 [J].电化教育研究（7）：114-
120.

刘世清，刘珍芳，王冬，2005.论现代教学媒体的本质、发展规律与应用规律
[J].电化教育研究（8）：14-17.

刘世清，肇洋，2010.网络信息元及其基本形态与组织模式 [J].宁波大学学报
（教育科学版），32（6）：114-117.

刘世清，周鹏，2011.文本—图片类教育网页的结构特征与设计原则——基于
宁波大学的眼动实验研究 [J].教育研究（11）：99-103.

刘世清，周鹏，2012.教育网页的结构差异分析及优化设计——基于文本—动
画类教育网页的实验研究 [J].教育研究（6）：118-122.

刘晓环，2016.英汉语错序结构阅读的眼动特征及其认知模型建构 [D].苏州：
苏州大学.

刘星彤，孟放，2016.基于眼动仪分析新闻网页的视觉浏览模式 [J].电视技术，
40（12）：77-82.

刘旭东，郝琪，张利国，2018.信息技术在课堂教学应用中的问题与对策研究

[C]. 上海：2018 第三届教育与信息技术国际会议.

刘在花，单志艳，2011. 小学生自我效能感的现状及其与学习态度的关系 [J]. 济南大学学报（社会科学版），21（5）：82-86.

刘志方，翁世华，张锋，2014. 中文阅读中词汇视觉编码的年龄特征：来自眼动研究的证据 [J]. 心理发展与教育，30（4）：411-419.

吕备，2012. 义务教育阶段学生学习态度的比较 [J]. 上海教育科研（4）：50-51.

马华东，1999. 多媒体计算机技术原理 [M]. 北京：清华大学出版社.

迈耶，2006. 多媒体学习 [M]. 牛勇，邱香，译. 北京：商务印书馆.

孟凡伦，董海燕，2001. 浅议中小学生信息素养的培养 [J]. 中国电化教育（9）：32-34.

孟沛，王毅，2011. 网络交互界面隐喻设计模式研究 [J]. 装饰（3）：107-108.

莫永华，2010. 加涅与迈耶的信息加工模型隐喻剖析 [J]. 教育评论（6）：166-168.

南国农，李运林，2000. 教育传播学 [M]. 北京：高等教育出版社.

潘双林，2012. 网络阅读深度化的实践探索 [J]. 中国电化教育（4）：110-112.

潘英，任瑞华，杨林静，等，2007. 扫描仪使用与维修 [M]. 北京：国防工业出版社.

彭浩，蔡美玲，陈继锋，等，2012. 面向导航型网页关键词自动抽取的视觉模型与算法 [J]. 计算机应用，32（8）：2360-2363，2368.

平克，2015. 语言本能：人类语言进化的奥秘 [M]. 欧阳明亮，译. 杭州：浙江人民出版社.

平克，2016. 白板：科学和常识所揭示的人性奥秘 [M]. 袁冬华，译. 杭州：浙江人民出版社.

钱存训，2004. 中国纸和印刷文化史 [M]. 桂林：广西师范大学出版社.

邱璇，丁韧，2009. 高校学生信息素养评价指标体系构建及启示 [J]. 图书情报知识（6）：75-80.

屈定琴，2013. 影视赏析 [M]. 武汉：武汉大学出版社.

桑新民，1999.技术—教育—人的发展（上）——现代教育技术学的哲学基础初探 [J].电化教育研究（2）: 3-7.

桑新民，2013.教育信息化的新潮流与攻坚战——大规模网络课程热潮中的冷思考 [J].中国教育信息化（高职职教）（10）: 22-25.

沙振江，化慧，卢章平，等，2016.学前儿童绘本重复阅读的眼动研究 [J].图书馆论坛（11）: 41-47.

单美贤，李艺，2008.教育中技术的本质探讨 [J].教育研究（5）: 51-55.

尚克聪，1998.信息组织论要 [J].图书情报工作（11）: 1-4.

邵清风，李俊，俞洁，等，2013.视听语言 [M].2 版.北京: 中国传媒大学出版社.

绍伊博尔德，1993.海德格尔分析新时代的技术 [M].宋祖良，译.北京: 中国社会科学出版社.

沈德立，2001.学生汉语阅读过程的眼动研究 [M].北京: 教育科学出版社.

沈玲玲，李化来，2015.网络数字报多媒体交互设计研究 [J].新闻战线（5）: 84-85.

沈青，熊秋娥，2017.我国教育信息化进程中数字化资源历史回眸 [C].徐州: 走向智慧时代的教育创新发展研究——第 16 届教育技术国际论坛暨首届智慧教育国际研讨会，267-269.

沈卓娅，2003.字体设计 [M].北京: 高等教育出版社.

石德万，王凤翠，陈子成，2007.论成人的信息素养教育 [J].成人教育（10）: 76-77.

宋彩萍，霍国庆，1997.信息组织论纲 [J].中国图书馆学报（1）: 20-22，37.

隋清江，张艳萍，张进宝，2004.移动教育: 国内外实践研究综述 [J].教育探索（8）: 66-67.

孙众，骆力明，2015.小学生到底喜欢什么样的学习资源——梅耶多媒体学习原则对数字原住民适用性的实证研究 [J].中国电化教育（7）: 79-84.

汤美娜，2017.多媒体互动杂志的界面设计探究 [J].新闻战线（5）: 85-86.

唐金玉，刘世清，程本鲁，2017.高中生英语阅读行为特征及其引导策略研究——基于文本与多媒体材料的眼动实验研究 [J]. 中国教育信息化（20）：81-84.

唐一鹏，胡咏梅，2013.国内高中生信息技术素养现状调查——基于五省调研样本的分析 [J]. 上海教育科研（8）：37-39.

陶云，申继亮，沈德立，2003.中小学生阅读图文课文的眼动实验研究 [J]. 心理科学，26（2）：199-203.

王珏，刘世清，2015.论多媒体阅读行为的双重特征 [J]. 湖州师范学院学报，37（12）：26-30.

王珏，刘世清，2018.大学生多媒体阅读的眼动特征与界面设计研究 [J]. 现代远距离教育（5）：90-96.

王庆稳，邓小昭，2010.网络用户信息浏览行为中的心理模式研究 [J]. 图书情报知识（5）：93-96.

王荣芝，辛日华，2009.网络虚拟实验的界面交互设计 [J]. 实验室研究与探索，28（2）：82-84.

王瑞明，莫雷，李莹，2005.知识表征的新观点——知觉符号理论 [J]. 心理科学，28（3）：738-740.

王晓丹，2012."P-S-K"三通道多媒体学习认知模型研究 [D]. 宁波：宁波大学.

王晓丹，刘世清，2012.多媒体学习的通道研究——三通道的界定及其内涵新解 [J]. 现代教育技术，22（10）：72-76.

王雪艳，白学军，梁福成，2005.科普杂志目录编排效果的眼动研究 [J]. 心理与行为研究，3（1）：49-52.

王有为，许博，卫学启，等，2010.基于用户访问序列聚类的网站导航系统 [J]. 系统工程理论与实践，30（7）：1305-1311.

王有为，张雯晶，凌鸿，2012.基于序列模式的网站导航系统 [J]. 系统管理学报，21（5）：690-695.

魏士靖，2017.基于互联网的智能手机移动网络界面设计分析 [J]. 现代电子技术，40（2）：78-80，84.

吴廷俊，2001. 科技发展与传播革命 [M]. 武汉：华中科技大学出版社.

伍民友，过敏意，2013. 论 MOOC 及未来教育趋势 [J]. 计算机教育（20）：5-8.

夏鼐，王仲殊，2014. 中国大百科全书·考古学 [M]. 北京：中国大百科全书出版社.

谢逸，余顺争，2007. 基于 Web 用户浏览行为的统计异常检测 [J]. 软件学报，18（4）：967-977.

熊佳，2019. 浅析"AI+ 教育"对中国未来教育的影响 [C]. 2019 年国际科技创新与教育发展学术会议论文集. 香港：香港新世纪文化出版社.

徐卫卫，刘世清，2011."视线规律"视野下的网页结构设计研究综述 [J]. 中国远程教育（4）：32-35.

许良，2005. 技术哲学 [M]. 上海：复旦大学出版社.

荀以勇，2011. 小学生课外阅读的误区及对策 [J]. 教学与管理（6）：18-20.

闫志明，2008. 多媒体学习生成理论及其定律——对理查德·E. 迈耶多媒体学习研究的综述 [J]. 电化教育研究（6）：11-15.

阎国利，1999. 不同年级学生阅读科技文章的眼动研究 [J]. 心理科学（3）：226-228.

阎国利，白学军，2000. 中文阅读过程的眼动研究 [J]. 心理学动态，8（3）：19-22.

杨宏雨，2006. 现代化与西化关系辩证 [J]. 复旦学报（社会科学版）（6）：58-64，117.

杨俊锋，余慧菊，2015. 教育主体的变革：国外"数字一代学习者"研究述评 [J]. 比较教育研究，37（7）：78-84.

臧传丽，2007. 动态文本最优化呈现的眼动研究 [J]. 心理与行为研究，5（1）：53-59，69.

张光直，2013. 古代中国考古学 [M]. 北京：生活·读书·新知三联书店.

张辉蓉，杨欣，李美仪，等，2017. 初中生信息技术素养测评模型构建研究 [J].

中国电化教育（9）: 33-38.

张家华，张剑平，2011. 学习过程信息加工模型的演变与思考 [J]. 电化教育研究（1）: 40-43.

张军，张浩，杨晓宏，2008. 广播电视技术基础 [M]. 北京: 国防工业出版社.

张丽华，杨丽珠，苏晓君，2001. 小学生求知欲培养的实验研究 [J]. 应用心理学，7（2）: 57-62.

张明国，2021. "百年党史" 视域中自然辩证法教学历程的回顾与展望——以自然辩证法教学方法为中心 [J]. 自然辩证法研究，37（7）: 8-13.

张艳琼，2008. 教学网站的网页文字设计研究 [J]. 中国成人教育（14）: 130-131.

赵小雪，2015. 汉、藏族大学生汉语句子阅读的眼动对比研究 [D]. 兰州: 西北民族大学.

郑旭东，吴博靖，2013. 多媒体学习的科学体系及其历史地位——兼谈教育技术学走向 "循证科学" 之关键问题 [J]. 现代远程教育研究（1）: 40-48.

中国科学院自然科学史研究所近现代科学史研究室，1982. 科学技术的发展 [M]. 北京: 科学普及出版社.

周睿，2013. 校园社区网页登录的交互界面设计研究 [J]. 机械设计（8）: 123-126.

周晓陆，2020. 考古印史 [M]. 北京: 中华书局.

朱敏，高志敏，2014. 终身教育、终身学习与学习型社会的全球发展回溯与未来思考 [J]. 开放教育研究（1）: 50-66.

左建军，刘世清，2010. 多媒体学习视域下《天工开物》的图文关系探析 [J]. 南京晓庄学院学报，26（3）: 117-120.

左银舫，杨治良，2006. 不同文化语境与难度下第二语言阅读的眼动追踪研究 [J]. 心理科学，29（6）: 1346-1350.

Anderson, J. R., 1974. Retrieval of propositional information from long-term memory [J]. *Cognitive Psychology*, 6(4): 451-474.

Antes, J. R., 1974. The time course of picture viewing [J]. *Journal of Experimental*

Psychology, 103(1): 62-70.

Astleitner, H. & Wiesner, C., 2004. An integrated model of multimedia learning and motivation [J]. *Journal of Educational Multimedia and Hypermedia*, 13(1): 3-21.

Beymer, D., Orton, P. Z. & Russell, D. M., 2007. An eye tracking study of how pictures influence online reading [C]. In Baranauskas, C., Palanque, P., Abascal, J. et al. eds. *Human-Computer Interaction—INTERACT 2007: 11th IFIP TC 13 International Conference*. Berlin: Springer, 456-460.

Cyr, D., Head, M. & Larios, H., 2010. Colour appeal in website design within and across cultures: A multi-method evaluation [J]. *Int. J. Human-Computer Studies*, 68(1-2): 1-21.

Djamasbi, S., Siegel, M. & Tullis, T., 2010. Generation Y, web design, and eye tracking [J]. *Int. J. Human-Computer Studies* (68): 307-323.

Feng, C. Z. & Shen, M. W., 2006. Task efficiency of different arrangements of objects in an eye-movement based user interface [J]. *Acta Psychologica Sinica*, 38(4): 515-522.

Gagné, R. M., 1974. *Essentials of Learning for Instruction* [M]. New York: Holt, Rinehart and Winston.

Gegner, J. A., MacKay, D. H. J. & Mayer, R. E., 2009. Computer-supported aids to making sense of scientific articles: Cognitive, motivational, and attitudinal effects [J]. *Educational Technology Research & Development* (57): 79-97.

Gibson, E. J., 1963. Perceptual learning [J]. *Annual Reviews in Psychology*, 14: 29-56.

Goetz, E. T., Anderson, A. R. & Schallert, D. L. 1981. The representation of sentences in memory [J]. *Verb. Learn. Verb. Behav.*, 2014: 369-385.

Goldberg, J. H, Stmison, M. J, Lewenstein M., et al., 2002. Eye tracking in web search tasks: Design implications [C]. In *Proceedings of the Symposium on Eye Tracking Research & Applications (ETRA 2002)*. New York: ACM Press: 51-58.

Graf, P. & Schacter, D., 1985. Implicit and explicit memory for new associations in normal and amnesic subjects [J]. *Journal of Experimental Psychology: Learning, Memory and Cognitions*, 11(3): 501-518.

Johnson, C. I. & Mayer, R. E., 2010. Applying the self-explanation principle to multimedia learning in a computer-based game-like environment [J]. *Computers in Human Behavior*, 26 (6): 1246-1252.

Just, M. A. & Carpenter, P. A., 1976. Eye fixations and cognitive processes [J]. *Cognitive Psychology*, 8 (4): 441-480.

Karni, A. & Sagi, D., 1991. Where practice makes perfect texture discrimination: Evidence for primary visual cortex plasticity [J]. *Proceedings of the National Academy of Sciences of USA*, 88(11): 4966-4970.

Loftus, G. R., 1972. Eye fixations and recognition memory of pictures [J]. *Cognitive Psychology* (3): 525-551.

Lohse, G. L. & Wu, D. J., 2001. Eye movement patterns on Chinese yellow pages advertising [J]. *Electronic Markets*, 11(2): 87-96.

Lohse, G. L., 1997. Consumer eye movement patterns on yellow pages advertising [J]. *Journal of Advertising*, 26 (1): 61-73.

Mackworth, N. H. & Morandi, A. J., 1967. The gaze selects informative details within pictures [J]. *Percepion & Psychophysics*, 2(11): 547-552.

Mayer, R. E. & Alexander, P. A. eds., 2011. *Handbook of Research on Learning and Instruction* [M]. New York: Routledge.

Mayer, R. E. & Johnson, C. I., 2010. Adding instructional features that promote learning in a game-like environment [J]. *Journal of Educational Computing Research*, 42(3): 241-265.

Mayer, R. E., 2009. *Multimedia Learning* [M]. 2nd ed. New York: Cambridge University Press.

Meiers, C., 2012. From e-learning to m-learning [J]. *Open Education Research* (4):

68-70.

Moreno, R., 2007. Optimising learning from animations by minimising cognitive load: Cognitive and affective consequences of signalling and segmentation methods [J]. *Applied Cognitive Psychology*, 21(6): 765-781.

Owens, J. W. & Shrestha, S., 2008. How do users browse a portal website? An examination of user eye movements [J]. *Usability News*, 10(2): 1-6.

Paivio, A., 1986. *Mental Representation: A Dual Coding Approach* [M]. New York: Oxford University Press.

Rayner, K., 2004a. Eye movements, congnitive processes, and reading [J]. *Study of Psychology and Behavior*, 2(3): 482-484.

Rayner, K., 2004b. Future directions for eye movment research [J]. *Study of Psychology and Behavior*, 2(3): 489-496.

Schnotz, W., 2005. An integrated model of text and picture comprehension [M]. In Mayer, R. ed., *The Cambridge Handbook of Multimedia Learning*. Cambridge: Cambridge University Press, 49-69.

Tan, G. W. & Wei, K. K., 2006. An empirical study of web browsing behavior: Towards an effective website design [J]. *Electronic Commerce Research and Applications*, 5(4): 261-271.

Tulving, E., 1995. Organization of memory [M]. In Gazzaniga, M. S. ed., *The Cognitive Neurosciences*. Cambridge, Mass.: MIT Press, 839-853.

Yecan, E., Sumuer, E., Baran, B. et al., 2007. Tracing users' behaviors in a multimodal instructional material: An eye-tracking study [J]. *Lecture Notes in Computer Science*, 4552: 755-762.

Zwaan, R. A., 2004. The immersed experiencer: Toward an embodied theory of language comprehension [M]. In Ross, B. H. ed., *The Psychology of Learning and Motivation: Advances in Research and Theory* (Volume 44). San Diego: Elsevier Academic Press, 35-62.